作 者 简 介

吴淘锁 1984年生，呼伦贝尔学院副教授，呼伦贝尔市级创新工作室负责人，博士毕业于天津大学，现为中国农业科学院在站博士后，多次获得呼伦贝尔学院优秀共产党员、优秀教师、优秀班主任、科技工作先进个人等荣誉称号。近三年，在草地遥感、深度学习领域共计发表SCI论文9篇，主持内蒙古自治区科技计划项目1项、自治区自然科学基金项目1项、自治区教育厅哲学社会科学研究专项1项，呼伦贝尔学院博士基金项目1项。

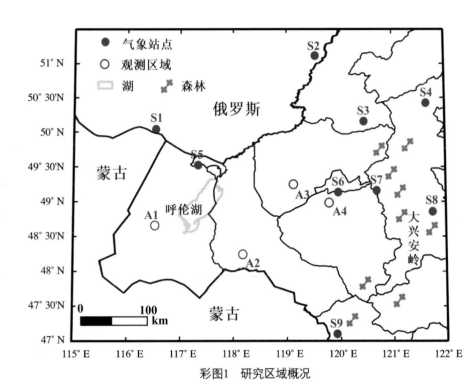

彩图1 研究区域概况

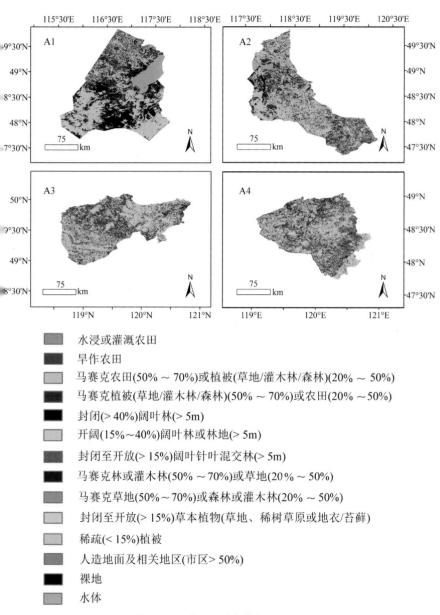

彩图2　遥感卫星感知数据-NDVI

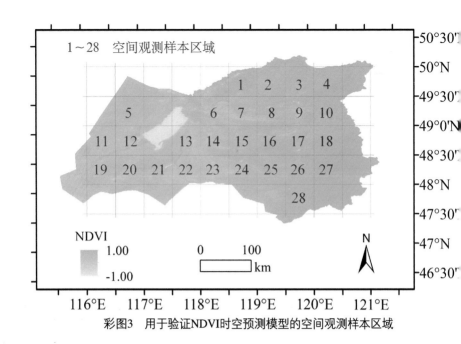

彩图3 用于验证NDVI时空预测模型的空间观测样本区域

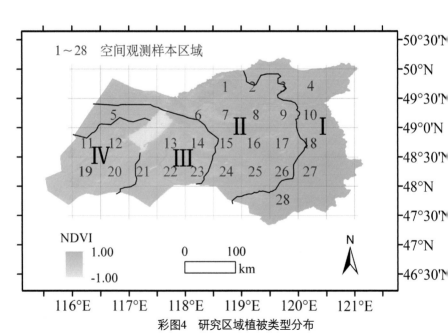

彩图4 研究区域植被类型分布

呼伦贝尔

智慧草原关键技术及应用

吴淘锁　著

中国农业出版社

北　京

　　随着物联网的快速发展与应用，其物理层不同类型的传感器累积产生了海量的多源异构数据。然而，如何选择、利用更合适的传感器数据，以及实现多源异构数据的协同，是目前物联网发展中面临的重要问题。因此，本书利用不同类型的神经网络对多源异构时间数据、时间与空间数据之间进行协同处理。本书以动态草畜平衡系统为例，通过对卫星传感器获取的归一化植被指数（NDVI）数据与地面气象传感器产生的降水量数据进行协同处理与分析，预测未来年份 NDVI 的时空数据，进而对研究区域的草产量与理论载畜量进行时空预测，实现未来年份牲畜种类、数量的时空优化配置，最终实现一种基于物联网的动态草畜平衡系统功能，即实现智慧草原。本书基于多种神经网络方法的多源异构数据协同理论和方法研究，具有重要的理论和应用意义。主要贡献和创新点总结如下：

　　首次采用带有外部输入的非线性自回归神经网络（NARX）对生长季降水量时间数据建模。结果表明，基于 NARX 建模产生的不同站点降水量预测数据与实际数据之间的相关性系数均大于 0.93。基于 NARX 的降水量时间数据预测模型能够精确捕捉不同年份生长季降水量数据之间的动态

1

关系，准确预测出未来年份生长季降水量的变化趋势，提高了干旱半干旱草原地区生长季降水量时间数据的预测精度。

针对星地传感器感知的降水量与 NDVI 时间数据之间的协同，本书提出采用 NARX 建模实现降水量与 NDVI 之间的协同映射。结果表明，基于降水量数据协同获得的 NDVI 预测数据与实际数据之间的相关性系数大于 0.94。本书利用 NARX 模型的特殊结构，成功地表征了生长季降水量与 ND-VI 之间的动态关系，并捕捉到了两者之间存在的延迟效应（或延迟时间）。

结合基于 NARX 的降水量自回归预测模型及降水量与 NDVI 之间的协同映射模型，本文提出利用混合神经网络（NARX-BPNN-NARX）实现降水量与 NDVI 时空数据的协同方法。其中，利用反向传播神经网络（BPNN）建立的降水量时间-空间数据协同模型，能够精确产生与经度、纬度、海拔、时间（年）对应的降水量空间数据，进而利用混合神经网络获得植被 NDVI 的时空数据（相关性系数大于 0.95），可成功实现基于物联网的动态草畜平衡系统功能。

本书的出版获得内蒙古自治区科技计划项目（项目编号：2020GG0130）、内蒙古自治区自然科学基金项目（项目编号：2020MS04007）和呼伦贝尔学院博士基金项目（项目编号：2020BS11）的资助，在此表示感谢！

著　者

2021 年 10 月

CONTENTS

目录

本书主要英文缩写

缩写	全称	意义
ANN	Artificial Neural Network	人工神经网络
ARX	Auto-Regressive with eXogeneous inputs	带有外部输入的自回归
AVHRR	Advanced Very High Resolution Radiometer	先进甚高分辨率辐射仪
BP	Back Propagation	反向传播算法
BPNN	Back Propagation Neural Network	反向传播神经网络
DBNs	Deep Belief Nets	深度信念网络
DNN	Dynamic Neural Network	动态神经网络
GIS	Geographic Information System	地理信息系统
GPS	Global Position System	全球定位系统
ITU	International Telecommunication Union	国际电信联盟
IOT	Internet of Things	物联网
MODIS	Moderate Resolution Imaging Spectroradiometer	中分辨率成像光谱仪传感器
NARX	Nonlinear Auto-Regressive with eXogenous inputs	带有外部输入的非线性自回归神经网络
NDVI	Normalized Difference Vegetation Index	归一化植被指数
NOAA	National Oceanic and Atmospheric Administration	美国国家海洋和大气管理局

（续）

缩写	全称	意义
RBF	Radial Basis Function	径向基函数
RFID	Radio Frequency Identification	射频识别
RNN	Recurrent Neural Network	递归神经网络
RS	Remote Sensing	遥感
SPSS	Statistical Product and Service Solutions	统计产品与服务解决方案软件
TDNN	Time Delay Neural Network	时延神经网络
WSN	Wireless Sensor Networks	无线传感网络

1 绪 论

本部分首先介绍研究背景，特别是物联网（IOT）中感知层产生的海量多源异构数据协同研究，指出研究新型多源异构数据协同方法将有利于物联网的进一步发展与应用。然后概述物联网中海量多源异构数据研究主要面临的选择困难、"既多又少"的问题，并对基于数据协同解决该问题的研究意义、现状进行介绍，同时对研究多源异构数据协同方法的应用领域进行介绍，即介绍草畜平衡的研究现状，旨在实现基于物联网的动态草畜平衡系统。最后，概述本书的主要工作和创新、结构安排。第1部分的组织结构如图1-1所示。

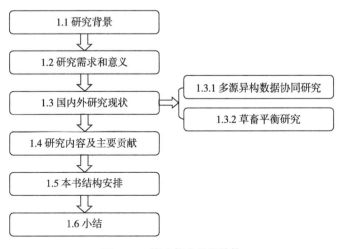

图1-1 第1部分组织结构

1.1 研究背景

物联网概念在 21 世纪初被提出后，引起了全球范围的广泛关注。国际电信联盟（ITU）在对物联网的定义中指出，物联网是利用传感器、射频识别（RFID）、二维码等感知技术，通过基础的网络实现物体与物体、人与物体之间的互联[1]。邬贺铨院上指出，"物联网是新一代信息技术的重要组成部分，也是信息化发展的重要标志"，并指出"物联网是两化（信息化与工业化）融合的切入点、社会管理的支撑点、民生服务的新亮点"[2]。随着物联网技术向各行业的深入发展，加速了各行业信息化、智能化发展的进程，且呈现出不同形式的物联网。物联网应用行业主要出现了智慧城市[3]、工业物联网[4]、健康物联网[5]、建筑物联网[6]、车联网[7]、智慧农业[8]及智慧零售[9]等多种形式，这些应用行业的物联网均具有感知信息多元化、感知信息异构化及感知信息数量大数据化的特点。

随着各行业领域的日趋联合、融合及整合，各行业对物联网技术水平的要求也不断提高，未来的物联网要让各行业变得更加智慧，这意味着物联网底层传感器类型将变得更加复杂化、传感器网络规模更加广域化，进而导致会出现更多的海量多源异构数据。例如，未来的智慧农业要实现一种复杂的大规模农业物联网即"大农业"[10]，这不仅需要通过大量的地面传感器感知地面的气象、土壤、水质及其他环境信息，还需要通过遥感卫星传感器感知农作物长势变化、识别农作物种类及量算种植面积等[11]，从而基于多维度、海量的多源异构数据实现更加精细的智能化农业生产。类似基于海量多源数据的还有健康物联网中的"大健康"[12]，交通管理中的"大交通"[13]、物流行业中的"大物流"[14]等大规模物联网，大规模物联网是基于物联网应用行业整合、融合驱动的一种物联网发展趋势。因此，随着物联网应用领域的快速发展，大规模物联网需要具有大规模的感知能力，高带宽、高容量的通信及存储能力，这对大规模物联网的节点部署、网络传输、数据存储、应用服务等提出了更高的要求。

实现大规模感知是大规模物联网在行业应用中的特点，这需要在感知层中部署更多的传感器节点，以获得更准确、更全面的感知数据。由于大规模物联网底层感知信息类型往往复杂多样，使得整个物联网系统的底层感知网络不可能由单一的某一种传感器网络构成，而需要通过各种小规模的网络协同、互联构成，故需要实现异构网络之间的数据协同，以实现数据共享与网络互联。然而，由于传感器电路常常工作于复杂的环境，能量有限，经常因外部环境干扰、网络节点部署及传感器电路本身的问题，出现节点失效的现象，这对于大规模物联网底层感知信息的准确性、完整性造成了直接的影响。部分节点的失效，意味着多源异构网络中传感器感知的数据是有限的，如何通过研究多源异构网络中的数据协同处理方法，获得全面、准确的感知信息，是实现大规模物联网的必要条件[15]。由此可见，实现大规模物联网中异构网络的数据共享与网络互联，首要解决的问题是如何实现独立网络或异构网络中不同类型传感器感知数据之间的协同。

1.2 研究需求和意义

物联网由大量的不同类型的传感器节点组成，一个中等规模的城市部署的地面传感器一般达到几百万个[16]，5G的一个应用场景就是高达每平方千米百万个节点以上的高密度节点[17]。这些数量庞大的传感器累积产生了海量的多源异构数据。然而，当前的海量异构数据却不能轻易实现某个领域的大规模物联网，因为这些海量异构网络数据存在"既多又少"的问题[18]。具体来看，目前地面的传感器感知的数据已经是海量，而对于单个领域的物联网应用而言，往往这些海量数据中可用的数据却很少。换言之，物联网中看似可用的传感器数据很多，但面对大量异构网络中传感器产生的多源异构数据，如何选择、利用更合适的数据，以及如何实现多源异构数据的协同，是当前构建大规模物联网面临的首要问题。因此，本研究以中国北方草原地区的草畜平衡系统为例，提出一种基于神经网络实现多源异构数据协同的方法，旨在基于多源异构数据协同实现大规模物联网的功能，即基于多源异构数据协同建立中国北方草原地区的动态草畜平衡系统。

中国是一个草原大国，有天然草原 3.928 亿 hm^2，约占全球草原面积的 12%，居世界第一[19]。中国 80% 的草原分布在北方，以传统的天然草原为主。草原不仅仅可以用于放牧，还具有独特的生态、经济、社会功能，是不可替代的重要战略资源。自 20 世纪 80 年代以来，由于气候旱化、过度放牧等原因，我国北方草原地区出现以轻度退化为主的大面积草原退化，占总面积的 54.36%[20]，局部地区草原退化比较严重，出现以牧民定居点为中心的连片区域中重度退化，形势不容忽视。草原植被退化不仅严重损伤草原生态系统的生态防护功能，制约草原地区畜牧业的健康发展，而且严重威胁国家的生态安全。为了避免草原持续退化，中国于 2005 年 3 月 1 日起实施草畜平衡管理制度，旨在通过以草定畜的方式实现草畜平衡，并于 2011 年起实施草原生态保护补助奖励机制，加强草原生态保护，促进牧民增收，其中禁牧草原每年每亩* 补贴 7.5 元，草畜平衡草原每年每亩补贴 2.5 元[21]。截至 2018 年 12 月，中央财政累计投入补奖资金约 1 326 余亿元[22]。然而，中国北方草原局部地区依然出现持续退化的现象，究其原因为现行的草畜平衡监测方法或草畜平衡系统存在诸多不足，未能实现草畜之间的动态平衡，导致丰年浪费牧草、歉年过度放牧的现象。此外，通过持续减少性畜数量以实现草畜平衡与我国日益增长的肉产品需求这一国情严重不符。

针对草畜平衡系统，多学科专家学者进行了大量的研究，并基于不同类型的传感器获得了大量的草畜感知数据，如多种遥感

---

* 亩为非法定计量单位，1 亩＝1/15 公顷。——编者注

4

卫星传感器用于感知植被变化[23]，以及 RFID 用于牲畜信息的监测[24]。然而，大量的草畜感知数据却大都互不联系，处于相互独立的状态，各种草畜感知数据的孤立造成现阶段草畜平衡系统属于一种静态的系统，无法实现未来年份以草定畜、草畜平衡的功能。因此，为避免未来年份出现局部地区的草畜失衡，如超载或欠载放牧，需要研究一种新型的动态草畜平衡系统，即一种能够预测未来年份草原植被时空变化的大规模物联网系统，从而实现根据未来年份草原植被的时空变化动态分配牲畜，最终从时间和空间上实现草畜之间的动态平衡。

我国北方草原地区地域辽阔、环境复杂，一年中的温差高达 80℃左右，每年的降水量集中于 6—8 月，其余时期都伴有积雪、大风天气。在此环境下，构建基于大规模物联网的动态草畜平衡系统面临诸多问题，如大范围区域的无线传感网络的通信，以及传感器电路的可靠性、使用寿命都将面临严峻的考验。基于大规模物联网的动态草畜平衡系统，需要部署大规模的传感器节点，构建不同功能的无线传感网络，用以感知草原植被、牲畜的动态变化，从而基于大量的草畜感知数据实现动态的草畜平衡。然而，基于硬件传感器电路实现大规模物联网的动态草畜平衡系统，不仅需要考虑整个物联网系统的成本问题，还要解决现阶段物联网底层传感器面临复杂环境下的可靠性、优化部署、互联等诸多的技术性问题。因此，本书提出一种基于神经网络的多源异构数据协同的方法，旨在基于现有的多源异构数据协同实现大规模物联网的功能，即基于研究区域内现有与草畜相关的异构网络感知数据，构建草原地区植被时空变化的监测、预测模型，进而实现牲畜的时空动态分配，最终实现一种基于物联网的动态草畜平衡系统。

目前，中国北方草原地区具有多种用于感知草原植被和牲畜信息的异构网络。例如，针对牲畜监测有肉产品可追溯系统，即利用牲畜耳标采集、监测牲畜的品种、数量、生长、健康等信息；针对草原植被变化的多种遥感卫星传感器，用于感知植被的时空变化；此外，分布于多个气象站的不同类型气象传感器累积产生了大量的气象感知数据。本书的研究目的是使研究区域内的多源异构数据能够"会说话"，并基于混合的神经网络实现星地传感器产生的多源异构数据之间的协同，进而实现精准监测、预测草原植被的时空变化，用以动态分配牲畜的时空分布，最终实现基于物联网的动态草畜平衡系统，即实现智慧草原。

本书的三个创新点旨在研究基于神经网络的多源异构数据协同方法，新方法通过神经网络训练可有效地建立数据协同处理模型。在已有的静态神经网络结构基础上，本书提出利用带有延时单元的动态神经网络建模协同预测星地传感器产生的多源异构数据，通过动态神经网络建模方法所建模型，可以表征出草原地区植被时空变化的特点。为了建立性能更好的草原植被时空变化预测模型，本书还研究了一种基于混合神经网络实现时空数据协同的方法，该混合神经网络由动态神经网络与静态神经网络组成。其中，动态神经网络用来实现地面传感器感知数据的自回归预测及星地传感器感知的多源异构数据之间的协同映射，静态神经网络用来实现时间数据与空间数据之间的协同转换，最终基于多源异构时空数据协同预测出未来年份草原植被的时空变化。本书提出基于混合神经网络实现多源异构数据协同的方法，实现了在整个系统中具有动态关系的多源异构数据基于动态神经网络建模，具有弱非线性关系的时间-空间数据基于静态神经网络建模。本书提出的基于混合神经网络建模预测草原植被时空变化的方法，不仅具有较高的精确度，且具有较好的泛化性和鲁棒性，可以成功实现基于物联网的动态草畜平衡系统的功能。

1.3　国内外研究现状

本部分主要概述多源异构数据协同的国内外研究现状，以及本书研究的多源异构数据协同方法具体应用领域的研究现状，即草畜平衡的简要介绍及其国内外研究现状。

1.3.1　多源异构数据协同研究

多源异构数据协同的研究，源自多传感器感知数据协同的研究，最早始于军事领域的多传感器协同作战的研究。1978 年，Nash 提出通过计算多传感器产生的异构数据，在多源异构数据协同中采用线性规划的方法实现不同传感器的多目标分配[25]。1995 年，Manyika 在多源异构数据协同研究中应用信息论中熵的概念[26]。1999 年，Hintz 与 Mcintyre 提出针对多源异构数据协同的目标点阵排序法，基于信息相关性分析多源异构数据的权重，并分配多传感器节点部署的位置，从而实现多传感器网络感知信息的准确性和鲁棒性[27]。2002 年，Xiong 与 Svensson 提出信息融合技术在多源异构数据协同研究中具有重要性，指出需要研究一种自适应的信号滤波方式，用于选择 Kalman 或粒子滤波器，从而基于多源异构数据协同获得整个系统的最优或最差状态[28]。2005 年，Kreucher 等提出将主动感知的机器学习方法应用于多源异构数据协同，多传感器系统的传感效率较之前提高了10 倍[29]。此外，为了提高多传感器系统的能量储备、使用寿命、多目标跟踪能力，其他领域的新技术如人工智能方法开始被应用于多源异构数据协同的研究[31][32]。

国内对多源异构数据协同的研究取得了一定的进展，如刘钦博士提出实现多源异构数据协同需要确定数据协同的重点、精确的协同方法、精细的协同步骤，利用有限的传感器资源分配给不同的目标，使不同传感器通过交流、合作与竞争协同完成无线传感网络（WSN）的功能[33]；郭承军博士提出数据融合技术是实现多源异构数据协同的关键技术之一[30]；多源异构数据协同中的数据融合方法主要包括信号处理与估计理论方法、信息论方法、决策论方法、统计推断方法、几何方法、人工智能方法等[34][35]；Sun Baoliang 等提出基于模糊神经网络实现多源异构数据的协同，实现基于多传感器的无线传感网络中多目标跟踪任务[36]；Zhu Hang等利用人工神经网络实现对空间、地面的多个光学传感数据的协同，进而实现对农作物冠层氮素含量变化的准确监测[37]；Lu Wei等提出基于BP神经网络（BPNN）实现不同应变传感器数据的协同，从而实现对民用基础设施中的穹顶结构建筑损伤程度的精确识别[38]；Xia Min等提出基于卷积神经网络实现多源异构数据的协同，实现准确排除不同旋转机械的故障[39]。此外，基于遗传神经网络的多源遥感数据协同方法被用于建立土壤水分反演[40]、土地利用监测[41]及干旱监测的模型[18]。因此，随着不同类型神经网络的发展与应用，根据多源数据的类型及其所反映物理机制的不同，应选择与多源数据变化规律相匹配的神经网络类型实现多源数据的协同。根据不同研究领域中多源异构数据的特点，充分发挥不同类型人工神经网络的特点，基于人工神经网络研究多源异构数据协同已经成为一种发展趋势。

1.3.2　草畜平衡研究

国外如美国、澳大利亚、新西兰等国家针对草畜平衡研究较早，形成了比较完善的草畜平衡或草原生态管理机制，并实现由侧重畜产品产量最大化向草原生态系统多功能最优化的科学性管理转变，传统的放牧管理已经被生态系统管理所取代[42]。在20世纪80年代，美国的科研机构为掌握合理的载畜量、防止过度放牧做了一系列的试验，利用无线传感器技术研究各种条件下不同载畜量对草地的影响[43]；在澳大利亚畜牧业发展过程中，也曾出现过由于载畜量过高破坏草原的情况，故当地政府做出明确规定，载畜量不得超过草地实际所能负担的能力，凡租用国家草地的牧场，若出现放牧过度破坏草地，政府将立即收回土地[44]；新西兰由于地理优势，草原资源丰富，施行分区轮牧，不补饲料，鼓励发展休闲牧业或生态旅游，多元化发展，绝大部分草场已解决草畜失衡的问题[45]。

国内对草畜平衡的研究，集中在生态学、经济学、管理学等领域，对影响草畜平衡的各种因素进行了研究，获得了大量的草畜监测模型。如 2007 年起，兰州大学承担的 863 课题"牧区草畜数字化管理决策支持系统"，以甘南牧区作为典型试验区，利用各种技术做了大量的草畜数据统计，并建立草畜数字化信息管理系统，设计了比较科学的草畜监测模型。国内在载畜量算法、草产量算法、草畜平衡计算软件开发等方面也取得了进步，基于草畜平衡算法发现牧草生产月动态系数和家畜数量月动态系数指导何时休牧以及如何适时调整家畜饲养规模，指出草畜平衡的管理重点在草原牧区[46]。目前，在天然草原现存草量的遥感测量算法方面，徐斌等采用遥感和地面调查相结合的方法从宏观上监测和评价了农业农村部认定的 264 个牧区和半牧区的草畜平衡状况[47]。然而，尽管在监测植被变化与牲畜数量变化方面，国内外研究均取得了长足的进步，但目前针对草畜平衡的监测仍然还处于静态监测的阶段，即各种监测技术或手段各自为政，未能让大量的感知数据"会说话"，依据现有的技术还不能实现对未来年份草原植被时空变化的预测，从而不能实现动态的牲畜时空分配，即不能实现动态的草畜平衡。因此，如何基于神经网络实现草畜相关多源异构数据的协同，使大量草畜感知数据"会说话"，实现对草原地区植被时空变化的预测，进而实现基于大规模物联网的动态草畜平衡系统，是本书研究的主要内容。

1.4 研究内容及主要贡献

多源异构数据协同是多传感器协同研究的一个重要的领域，尤其是应用于各种行业的物联网系统。随着物联网、大数据深入应用于各个行业，如何让海量的多源异构数据"会说话"，从而实现物联网的"3 个 P"，即 Prediction（预警），Protection（防范），Prevention（预防）功能[12]，已经引起各行业、领域研究专家学者的重视。本书根据大规模物联网中多源异构数据协同的方法研究中国北方草原地区动态草畜平衡系统，旨在基于人工神经网络实现用于草畜感知的星地多传感器多源异构数据之间的协同，进而实现多源异构数据"会说话"，预测出未来年份中草原地区植被的时空变化，进而精确、动态地分配未来年份的牲畜时空数据（如牲畜种类、数量），实现基于大规模物联网的动态草畜平衡系统。与传统的多源异构数据协同方法相比，基于人工神经网络的数据协同建模具有方法系统、结果精确、响应速度快等优点，因而得到了越来越多建模研究者的青睐。

本书的三个创新点主要研究了气象传感器感知的降水量数据自回归预测模型，基于遥感卫星的植被感知数据——归一化植被指数（NDVI）与降水量数据之间的协同映射模型，以及降水量时间数据与空间数据之间的协同转换模型，进而利用混合神经网络模型实现未来年份植被感知 NDVI 数据的时空预测。植被感知 NDVI 数据的时空预测将实现草原草产量与理论载畜量的时空预测，进而实现牲畜种类、数量的动态时空分配，即实现动态的草畜平衡系统。本书的具体创新点内容如下所述。

首先，提出了基于 NARX 的新型生长季降水量时间数据预测模型。在现有的降水量时间数据预测模型研究基础上，基于 NARX 模型能够捕捉当年降水量与之前年份降水量之间的潜在时间性关系，准确预测出未来年份降水量的变化趋势，尤其能够准确预测出未来年份降水量的峰谷值。结果表明，基于 NARX 建模产生的不同站点降水量预测数据与实际数据之间的相关性系数均大于 0.93。

其次，提出了基于 NARX 的新型多源异构时间数据协同方法。本书中的多源异构时间数据主要指降水量数据与反映地表植被覆盖状况的遥感卫星传感数据 NDVI，通过 NARX 建模实现了降水量与 NDVI 时间数据之间的协同映射。NARX 模型不仅能够学习生长季降水量与 NDVI 之间的时间性关系，并能够在训练模型阶段记忆这种时间性关系，进而捕捉到降水量与 NDVI之间存在的延迟效应及延迟时间，最终实现利用降水量数据准确协同映射出对应的 NDVI 数据。结果表明，基于降水量数据协同获得的 NDVI 预测数据与实际数据之间的相关性系数大于 0.94。

　　最后，提出了基于混合神经网络（NARX-BPNN-NARX，NBN）的新型多源异构时间空间数据协同方法，即基于降水量与 NDVI 时间数据协同预测出未来年份 NDVI 的时间空间数据。本书提出利用 BPNN 建立的降水量时间-空间数据协同转换模型，该 BPNN 模型能够产生与经度、纬度、海拔、时间（年）对应的降水量空间数据。结合基于 NARX 的降水量时间数据自回归预测模型及降水量与 NDVI 之间的协同映射模型，最终实现利用混合神经网络 NBN 模型获得未来年份 NDVI 的时空数据。结果表明，本文利用混合神经网络准确预测出了 NDVI 的时空数据（相关性系数大于 0.95），成功实现了基于物联网的动态草畜平衡系统功能。

　　本书提出利用不同类型的混合神经网络模型处理星地传感器产生的多源异构时间数据、时间与空间数据的协同，最终预测出表征草原地区植被变化的 NDVI 时空数据，成功建立了基于多源异构数据协同的动态草畜平衡系统。草原地区未来年份植被的时空预测数据将实现科学、动态地分配牲畜的时空数据（如牲畜种类、数量），进而实现基于大规模物联网的动态草畜平衡系统的功能。本书研究的基于混合神经网络模型的多源异构数据协同处理方法，证明了基于多源异构数据协同实现大规模物联网功能的可行性，并证明基于神经网络可以充分地挖掘出多源异构数据之间潜在的物联网功能。基于多源异构数据协同的数据"会说话"，能够感知当前草原地区的草畜平衡状态，以及实现未来年份草畜之间的动态平衡，即实现在动态草畜平衡系统中物联网的功能，从而为物联网应用于行业提供了一种科学解决问题的新方法。

1.5　本书结构安排

　　本书研究内容共划分为七部分，组织结构如图 1-2 所示。

第一部分为绪论。首先概述了研究背景；其次对研究需求进行了详细的介绍，通过对物联网的应用及发展趋势的总结，得出多源异构数据协同方法研究的需求及其在草畜平衡系统中的研究意义；再次概括了国内外多源异构数据协同与草畜平衡研究的现状；然后概括了本文的主要贡献及三个创新点；最后总结全书结构安排。

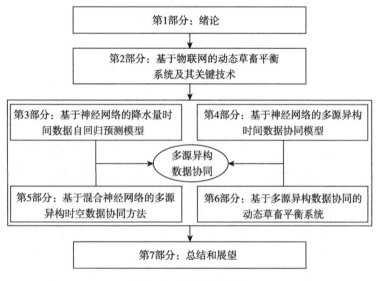

图 1-2　全书组织结构

第二部分是基于物联网的动态草畜平衡系统及其关键技术。首先介绍了研究区域概况及本书研究的多源异构数据类型及来源，并对关键气象传感数据（平均气温、降水量）与ND-VI数据进行了相关性分析，确定降水量为关键的植被生长影响因子；其次介绍草畜平衡的定义、常见的草畜平衡监测方法；再次提出了基于物联网的动态草畜平衡系统的组成及功能；最后概述了基于物联网的动态草畜平衡系统的三个关键技术，提出基于人工神经网络实现多源异构数据的协同可以解决该三个关键技术问题。

第三部分是基于神经网络的降水量时间数据自回归预测模型。首先介绍了人工神经网络的定义、发展、分类及特点；其次分别介绍了基于 BPNN、TDNN、NARX 的降水量自回归预测模型的建模方法及过程；最后比较了基于三种神经网络的降水量自回归预测模型的性能，确定基于 NARX 建立精确的降水量自回归预测模型。

第四部分提出了基于神经网络的多源异构时间数据协同模型。首先介绍了基于神经网络实现多源异构时间数据协同的方法及其重要性；其次分别基于 BPNN、TDNN 与 NARX 建立了降水量- NDVI 时间数据的协同映射模型，通过比较三种神经网络的性能，确定 NARX 更适合建模实现降水量- NDVI 时间数据的协同映射。

第五部分提出了基于混合神经网络的多源异构时空数据协同方法。首先介绍了基于混合神经网络的多源异构数据协同模型的设计流程及其应用实例模型的组成；其次详细讲述了基于 NARX 建模实现多个气象站点降水量自回归预测的方法，以及多个气象站点未来年份的降水量时间数据的预测过程；再次提出了基于 BPNN 建立降水量的时间-空间数据协同转换模型；最后提出基于 NARX 建立的降水量- NDVI 数据协同模型，实现降水量时空数据协同映射为 NDVI 时空数据，即实现基于混合神经网络 NBN 模型的多源异构数据协同方法预测出未来年份 NDVI 的时空数据。

第六部分提出了基于多源异构数据协同的动态草畜平衡系统。首先介绍了基于多源异构数据协同的动态草畜平衡系统实现方法及步骤；其次介绍了基于混合神经网络的多源异构数据协同模型的应用，即获得研究区域 28 个空间观测样本区域的 NDVI 时空预测数据；最后讲述利用 NDVI 的时空预测数据计算出未来年份载畜量的时空预测数据，实现未来年份载畜量的时空动态分配，进而实现了动态草畜平衡系统的功能。

第七部分是对全书研究内容的总结和未来的展望。

1.6 小结

本部分对研究背景、研究需求与意义，国内外研究现状及全书创新点做了整体的阐述。首先介绍了研究背景，指出了物联网的发展及行业应用对多源异构数据协同研究方法的需求。其次，基于国内外的研究现状，指出了基于人工神经网络研究多源异构数据协同的重要性。再次，整体介绍了全书的三个创新点。最后是全书的结构安排。

2 基于物联网的动态草畜平衡系统及其关键技术

    本部分主要讲述与本书研究的数据协同方法应用相关的动态草畜平衡系统及其关键技术。首先,介绍本书多源异构数据协同方法具体应用领域对应的研究区域概况,多源异构数据的来源、类型及特点;本书研究的多源异构数据主要指卫星与地面气象传感器产生的遥感 NDVI 数据与气象传感数据,并通过对其相关性分析确定降水量为影响 NDVI 变化的关键气象传感数据。其次,概述草畜平衡的定义及相关的基础理论,并介绍静态、动态草畜平衡系统的相关基础理论。最后,讲述动态草畜平衡系统的研究现状、研究意义,以及基于大规模物联网的动态草畜系统实现流程及其三个关键技术,提出基于神经网络的多源异构数据协同方法能够解决该三个关键技术问题。第 2 部分的组织结构如图 2-1 所示。

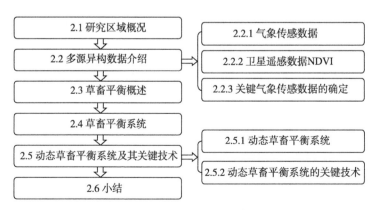

图 2-1　第 2 部分组织结构

2.1 研究区域概况

本书研究区域为中国北方高原草原——呼伦贝尔草原，其位于内蒙古自治区东北部的海拉尔盆地及其周边地区。天然草原主要指牧业四旗［新巴尔虎右旗（A1）、新巴尔虎左旗（A2）、陈巴尔虎旗（A3）、鄂温克自治旗（A4）］境内的草原（彩图1），总面积约为 77 199km² （注：不包括林区过渡带草原面积），海拔最高为 1 038m，最低为 545m，平均年降水量为 291.2mm，且降水主要集中在每年的 6—8 月，年平均温度为 −0.7℃[48]。呼伦贝尔草原属于干旱半干旱草原地区，其草原类型主要包括草甸草原、典型草原及荒漠草原。呼伦贝尔草原因其地缘优势，具有调节气候、涵养水源、保持水土、防风固沙、保持生物多样性及维护生态平衡的战略价值，先后于 2008 年 7 月、2015 年 11 月两次被环境保护部、中国科学院编订的《全国生态功能区划》列为国家重点生态功能保护区，是中国北方地区的重要绿色生态屏障。

呼伦贝尔草原为天然草原，天然草原兼备生态、经济等多重功能，既是我国面积最大的陆地生态系统和生态安全屏障，又是农牧民增收致富的基本生产资料，对我国生态、经济、社会发展具有十分重要的战略意义。但长期以来，受农畜产品短缺时期优先发展生产的影响，强调草原生产功能多、重视草原生态功能少，强调草原开发利用多、重视草原保护建设少，导致草原严重退化沙化，生态环境日益恶化，严重损害草原畜牧业的根基。20 世纪 80 年代以来，由于气候旱化、过度放牧等因素，导致呼伦贝尔草原出现以轻度退化为主的大面积退化[20]，其中新巴尔虎右旗、新巴尔虎左旗、陈巴尔虎旗的局部草原地区退化问题比较严重。尽管目前国家实行草畜平衡管理制度，但仍出现以牧民定居点为中心的连片区域中重度退化。

2.2 多源异构数据介绍

如彩图 1 所示，本书研究多源异构数据主要指由卫星与地面传感器（星地传感器）产生的感知数据。一种为地面多个气象站产生的气象因素感知数据，主要包括影响植被生长的降水量与平均气温；另一种为卫星遥感数据 NDVI，主要用于计算本书研究区域（如牧业四旗）植被覆盖的变化及地上生物量。

2.2.1 气象传感数据

本书在研究区域内及附近区域共获得 13 个气象站点数据，对应分布如彩图 1 中所示，主要指研究区域内的 11 个气象站点，及 2 个与中国接壤的俄罗斯区域内的气象站点。其中，国外气象站点（S1、S2）的气象观测数据由美国国家海洋和大气管理局（NOAA）网站（https：// gis. ncdc. noaa. gov/maps/ncei）获取，国内气象站点（S3～S9）的历史气象感知数据由中国气象数据网（http：// data. cma. cn）获取，因国内 A1～A4 区域对应的气象感知数据需要与遥感卫星植被感知数据协同建模，故其感知的气象数据为区域性综合气象数据，其历史气象感知数据由当地的气象服务部门提供。

由于中国北方草原地区植被生长时期主要分布在每年的 6—8 月，且生长季（6—8 月）的植被生长主要与降水量、平均气温相关。因此，如表 2-1 所示，本书根据气象数据与植被生长数据之间的协同建模需要，列出气象站点对应的感知数据类型，如降水量、平均气温数据。此外，各气象站点对应的经度、纬度、海拔及观测年份如表 2-1 所示。由气象传感器获得的观测数据将应用于人工神经网络的自我学习、训练、测试，从而获得各站点对应的气象感知数据的自回归预测模型。

表 2-1　气象站点属性及感知数据类型

代号	站点名称	经度°	纬度°	海拔（m）	感知数据类型	时间范围
S1	Borzja	116.52	50.40	675.0	降水量、平均气温	1965/01 至 2015/12
S2	Nerchinskij-zavod	119.62	51.32	621.0	降水量、平均气温	1965/01 至 2015/12
S3	额尔古纳	120.11	50.15	581.4	降水量、平均气温	1965/01 至 2015/12
S4	图里河	121.70	50.45	733.0	降水量、平均气温	1965/01 至 2015/12
S5	满洲里	117.19	49.35	661.8	降水量、平均气温	1971/01 至 2015/12
S6	海拉尔	119.42	49.15	649.6	降水量、平均气温	1965/01 至 2015/12
S7	牙克石	120.42	49.17	668.8	降水量、平均气温	1971/01 至 2015/12
S8	博克图	121.92	48.77	739.0	降水量、平均气温	1965/01 至 2015/12
S9	阿尔山	119.93	47.17	997.0	降水量、平均气温	1965/01 至 2015/12
A1	新巴尔虎右旗	116.49	48.40	554.2	降水量、平均气温	1975/01 至 2015/12
A2	新巴尔虎左旗	118.16	48.13	642.0	降水量、平均气温	1975/01 至 2015/12
A3	陈巴尔虎旗	119.26	49.19	576.6	降水量、平均气温	1975/01 至 2015/12
A4	鄂温克自治旗	119.45	49.09	620.8	降水量、平均气温	1975/01 至 2015/12

2.2.2　卫星遥感数据 NDVI

本书研究区域的草原植被数据由遥感卫星感知获得，具体为 Terra 卫星 MODIS 传感器（MOD13A1，Version 5，分辨率为 500m）提供的 NDVI 日数据，在每日 NDVI 时间序列数据基础上利用最大合成处理获得 16d 合成数据及月合成感知数据。本书研究所需的遥感卫星植被感知数据（NDVI，2000/02 至 2015/12）来源于中国科学院计算机网络信息中心国际科学数据镜像网站（http：//www.gscloud.cn），土地覆盖类型数据获取自 European Space Agency（ESA）and Université Catholique de Louvain（http：//due.esrin.esa.int/page_globcover.php）。如彩图 2 所示，A1～A4 分别为本书研究区域——呼伦贝尔草原中的牧业四旗［新巴尔虎右旗（A1）、新巴尔虎左旗（A2）、陈巴尔虎旗（A3）、鄂温克自治旗（A4）］对应的遥感数据（以 2014 年 8 月份 NDVI 为例)。此外,分别对 A1~A4 研究区域进行土地覆盖类型统计,结果如表 2-2 所示,可知 A1 地区植被占比较低,属于草原退化比较严重区域,A4 地区具有一定比例的森林。

基于 MODIS 卫星传感器的植被感知数据 NDVI 常被用来表征地表植被的生长状况[49],植被的生长状态与植被覆盖度均可以由 NDVI 值的大小来表征。NDVI 与地面植被的物候具有相关性[50],即具有年际变化和季节变化的特点[51]。因此,作为表征植被变化的指示因子,NDVI 广泛应用于草原植被变化的遥感测量[52]、长势监测及草产量评估[53]。此外,NDVI 基于表征植被变化的能力,被应用于监测农业干旱[55]、土地利用与覆盖[57]、森林火灾[59]、草原景观变化[62]等。

表 2-2　研究区域土地覆盖类型（%）

代号	草原	森林	水体	其他
A1	67.36*	—	8.53	24.11***
A2	89.34	3.94	0.51	6.21
A3	88.69**	3.10	2.58	5.63
A4	60.60	24.36	8.88	6.16

注：＊稀疏（<15%）植被占 42.23%，＊＊稀疏（<15%）植被占 38.67%，＊＊＊裸地植被占 23.48%。

2.2.3　关键气象传感数据的确定

基于大规模物联网的动态草畜平衡系统需要大规模感知草畜监测信息,由于当前技术、成本、地域环境等因素的限制,本书采用基于星地多传感器产生的多源异构数据协同的方法实现动态草畜平衡系统,其关键技术是实现未来年份植被的时空可预测。然而,由于表征植被变化的遥感卫星 NDVI 数据观测量相对较少,较高分辨率的观测数据开始于 2000 年 2 月,故本书引入多源异构数据协同的方法,即基于神经网络实现关键气象传感数据与 NDVI 数据之间的协同,从而实现基于长序列关键气象数据的时空预测,协同实现 NDVI 的时空预测。因此,本部分旨在介绍如何从多种气象传感数据中选出关键的气象数据作为中间数据,实现其与 NDVI 的协同,最终实现 NDVI 的时空可预测。

本书研究区域中的植被在生长季(每年 6—8 月)的变化往往取决于平均气温与降水量的变化,即植被的生长主要与平均气温、降水量相关[63]。因此,本部分通过比较平均气温与 NDVI、降水量与 NDVI 之间的相关性来确定关键的气象因素。本文中生长季平均气温、降水量、NDVI 数据均指每年 6—8 月的平均值[66]。

2.2.3.1 平均气温与 NDVI 数据的相关性分析

基于统计分析软件 SPSS 22.0 进行气象传感数据与 NDVI 数据之间的相关性分析,并计算出气象传感数据与 NDVI 数据之间的相关系数 R^2。如图 2-2 所示,基于 SPSS 计算可得研究区域中 A1～A4 的生长季平均气温数据与 NDVI 数据之间的相

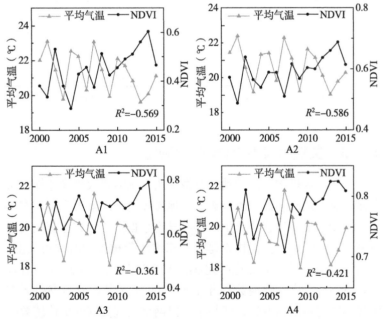

图 2-2　平均气温与 NDVI 之间的相关性

关系数，结果显示研究区域中生长季的平均气温与植被生长情况呈现负相关性。相关性系数 R^2 最大值为 -0.586，位于 A2 地区；其次为 A1 地区的 -0.569；其余两个地区（A3 与 A4）均呈现比较低的相关性。平均气温数据与 NDVI 数据之间的相关性分析结果表明，本书研究地区的生长季植被变化与平均气温之间呈现负相关性，即生长季平均气温过高，会导致植被生长因子（如植被高度、盖度、密度）呈现减小的趋势，生长季平均气温过高主要指生长季出现的气候干旱事件。

2.2.3.2 降水量与 NDVI 数据的相关性分析

通过 SPSS 软件对研究区域 A1～A4 的生长季降水量数据与 NDVI 数据之间的相关性进行分析，可获得其对应的相关性系数 R^2。如图 2-3 所示，A1～A4 的生长季降水量数据与 NDVI 数据的变化趋势均呈现比较明显的正相关性，尤其在典型草原为主的新巴尔虎右旗（A1）区域最为明显，其相关性系数 R^2 为 0.755，其余地区的 R^2 均大于 0.5。因此，相比较于平均气温数据对本文研究区域生长季 NDVI 的影响，生长季降水量数据与 NDVI 数据呈现更明显的相关性。本书研究区域生长季降水量数据对 NDVI 数据呈现较强的正相关性，说明影响干旱半干旱草原地区生长季植被变化的主要气象因素为降水量，尽管降水量与植被之间的关系是交互的、动态的，但干旱半干旱草原地区生长季植被的生长情况更加依赖于降水量的变化[69]，尤其是研究区域每年生长季降水量主要集中在 6—8 月，其中生长季降水量占年总降水量的 70% 左右。因此，降水量数据与 NDVI 数据之间的相关性分析结果，证明研究区域的降水量数据与 NDVI 数据在时间上呈现相同的变化趋势，这有利于建立降水量数据与 NDVI 数据之间的协同模型。

通过比较平均气温数据、降水量数据与 NDVI 之间的相关性，可知降水量数据更适合作为影响生长季植被变化的关键气象传感数据[70]。因此，本书将选择降水量数据作为中间数据，以实现未来年份 NDVI 的时空预测。

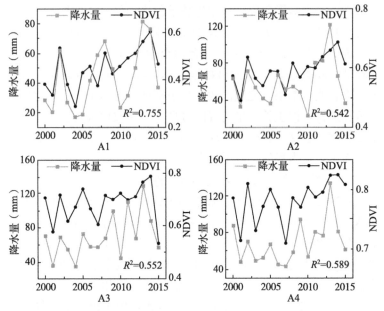

图 2-3　降水量与 NDVI 之间的相关性

2.3　草畜平衡概述

　　草畜平衡指在一定区域和时间内通过草原和其他途径提供的饲草饲料量，与饲养牲畜所需的饲草饲料量达到动态平衡[71]。草畜平衡是促进草原生态系统良性循环及实现草原畜牧业可持续发展的基础。草畜平衡，不仅仅是单一的"草-畜"之间的平衡，其实质上是涉及社会、经济、管理、文化等方面深层次的"人-草"平衡（图 2-4）。

　　草畜平衡问题是维护草原生态、保护草原资源的关键性问题，更是草原畜牧业可持续发展的重要途径。首先，草原生态系统只有在达到平衡时才能保持稳定，只有稳定才会安全。其次，面对国内草原生态的实际现状，只有采取科学、精确的草畜平衡方法，才能有效控制草原退化速度，加快恢复已破坏的草原生态

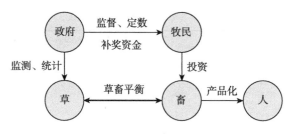

图 2-4 草畜平衡

系统，进一步稳固我国北方绿色生态保护屏障。因此，草畜平衡是涉及草原畜牧业发展和草原生态健康的战略问题，是实现草原地区经济和生态双赢的一个核心条件。

为了保护、建设和合理利用草原，根据《中华人民共和国草原法》，2005 年 3 月 1 日起，国务院实施《草畜平衡管理办法》，施行以草定畜、增草增畜，逐步实现草畜平衡的政策，并从2006 年开始每年由农业部发布全国草原监测报告。2011 年 6 月30 日，国务院第 128 次常务会议决定实施草原生态保护补助奖励机制，加强草原生态保护，促进牧民增收，截至 2018 年底，中央财政累计投入补奖资金为 1 326 余亿元[21]。见表 2-3，截至 2016 年底，全国重点天然草原平均牲畜超载率降低为12.4%，小于 2006 年的 1/2，尤其自 2011 年中央财政投入补奖资金以来效果极为显著[72]。但是，天然草原草产量与植被盖度却未按照草畜平衡的目标随着牲畜的逐年减少呈线性变化，这说明一味地减少牲畜的数量不能够解决局部草原地区持续退化的问题。

表 2-3 2006—2016 年全国草原监测报告部分数据[72]

年份	全国重点天然草原平均牲畜超载率（%）	天然草原产草量（亿 t）	全国草原综合植被盖度（%）	草原生态保护补奖资金（亿元）
2006	34	9.43	27*	0
2007	33	9.52	16*	0

（续）

年份	全国重点天然草原平均牲畜超载率（%）	天然草原产草量（亿 t）	全国草原综合植被盖度（%）	草原生态保护补奖资金（亿元）
2008	32	9.47	13.6*	0
2009	31.2	9.38	12*	0
2010	30	9.76	12*	0
2011	28	10.02	51	136
2012	23	10.5	53.8	150
2013	16.8	10.56	54.2	159.46
2014	15.2	10.22	53.6	157.69
2015	13.5	10.28	54	166.49
2016	12.4	10.39	54.6	187.6

注：＊代表草原生态建设工程区相比于非工程区的植被盖度提高率。

通过分析农业部草原监测报告数据可知，现行的草畜平衡管理办法过于强调围封禁牧与人为因素，按照《草畜平衡管理办法》每五年核定一次载畜量标准，极易造成丰年浪费牧草，歉年超载过牧的现象[70]，以及容易造成禁牧区的饲草被浪费，而放牧区的饲草被过度啃食的现象，进而造成放牧区草原加速退化。因此，目前用于监测草畜变化的草畜平衡系统存在诸多问题，如草产量不可预测，牲畜未能实现动态的时空分配等，导致局部地区出现草畜失衡的问题。总体来看，持续减少牲畜数量是不现实、不科学的，这与中国肉产品需求量逐年增加这一国情严重不符。因此，对于以天然草原为主的干旱半干旱地区而言，亟待研究一种基于草原植被时空可预测的动态草畜平衡系统，以实现未来年份科学、动态地分配牲畜种类、数量，从而解决干旱半干旱草原地区局部持续退化的问题。动态草畜平衡系统能综合多种影响植被生长变化的感知数据，预测未来年份植被生长及对应气候条件的变化，避免因生长季极端天气（如干旱）导致草畜失衡。

2.4 草畜平衡系统

目前，草畜平衡制度基于草畜平衡系统实现草产量与牲畜数量之间的平衡。通常利用 3S（RS、GIS、GPS）技术实现草畜平衡系统中的草产量监测，尤其利用 GIS 技术监测、估算草产量的方法较为流行。如图 2-5 所示，根据地面样地或样点草产量、植被盖度等参数的人工采集时间、经纬度的分析，对应遥感图像建立 NDVI 数据库，基于最优模型反演计算天然草原的草产量及变化趋势[78]，通过对应草原地区（草场）前五年平均草产量数据的比较分析，获得未来五年的草产量预测数据，进而获得未来五年的合理载畜量（理论载畜量）数据。针对牲畜的监测，我国绝大部分牧区仍采用地面实地调查、人工统计的方式，部分地区采用 RFID 采集牲畜信息，即通过对牲畜不同种类、大小、数量的定期上报，换算为统一的羊单位，即获得实际载畜量。最后，通过与合理草产量预测数据计算出的理论载畜量进行比较，获得该地区草畜平衡的状态。然而，目前应用于草畜平衡管理的草畜平衡系统存在诸多问题，具体分析如下：

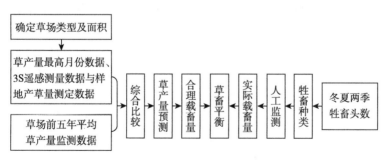

图 2-5　现行的草畜平衡系统

（1）现行草畜平衡系统属于静态的草畜平衡系统　草畜平衡是指以核定草原的草产量为基础，以草定畜、增草增畜，以达到科学合理的载畜量，实现草畜之间的动态平衡。然而，实现动态草畜平衡的前提是草产量在时间、空间上的可预测，即实现草原植被时空变化可预测，以实现未来年份牲畜时空数据的动态分配。当前的草畜平衡系统是基于一种"回顾式"的静态监测或报告制度建立的，每年在植被生长季节或几个关键月份进行草产量监测，并在每年 6 月、12 月分两次统计牲畜数量，在翌年的 3 月获得上一年度的草畜平衡状态评价，并由相关部门进行统计、撰写报告[70]，这样的报告对政府相关部门了解过去的生产和生态状况，提出宏观调控策略具有一定的参考作用。然而，由于每年的草畜监测报告出台过晚，已经失去了提前或及时对牲畜出栏、牲畜数量的调控作用，对达到未来年份的草畜精确平衡没有太大的实际意义，故现行草畜平衡系统具有一定的监测数据滞后性的缺点，属于后验、被动的静态平衡系统。

（2）实现草畜平衡的动态实时监测问题亟待解决 见图 2-5，当前的草畜平衡系统，其背景为通过政策引导、发放各类草原生态保护补奖资金，以实现将天然草原地区牲畜数量控制在一定值内，并通过控制牲畜数量达到等量的草原"休养"或恢复（指被减牲畜数量对应的饲草数量）。然而，现行的草畜平衡系统却忽略了草畜平衡中草畜信息实时感知、草原植被时空预测及牲畜时空动态分配这些关键技术环节，造成草原局部地区持续退化的现象。此外，由于国民经济的快速发展，居民生活水平的快速提高，人们对牛羊肉的需求量不断增加，近几年我国牛羊肉缺口约220 万 t/年[79]，按照价格 50 元/kg 计算，每年就需要进口约 1 100 亿元的牛羊肉。未来这一数据将进一步增长，故在草原牧区持续缩减牲畜数量不符合我国的国情。因此，一味地减少牲畜数量是不现实的，仅仅通过总体量化行政区域的草畜平衡是不科学的，如何研究一种动态草畜平衡系统是当前亟待解决的科学问题。所以，基于大规模物联网的思维，利用现有与草畜监测相关的传感器感知数据，精准预测未来年份草原地区的植被时空变化，将有利于实现未来年份牲畜数量的动态、科学分配，避免局部地区的草原持续退化，实现植被的充分利用，最终实现动态的草畜平衡系统。

2.5 动态草畜平衡系统及其关键技术

2.5.1 动态草畜平衡系统

动态的草畜平衡系统，旨在实现对草原地区植被（草产量）时空变化的提前预测。基于草产量时空变化的预测数据，可精确地指导当地政府的畜牧管理或牧民的放牧策略（即放牧时间、放牧地点、放牧牲畜数量及放牧强度）。显然动态的草畜平衡系统能够实现草原地区植被感知数据"会说话"，进而制订基于草产量的时空预测数据指导放牧策略，从而保护草原的生态环境，预防局部草原植被的持续退化，这种动态草畜平衡系统具有物联网的"3个P"功能，即 Prediction、Protection、Prevention 功能[12]。

2005 年 11 月，国际电信联盟（ITU）发布的《ITU 互联网报告 2005——物联网》中指出，物联网（IOT）指基于现有的/演进的可互操作的信息通信技术，通过互联（物理和虚拟）物件提供先进服务的全球信息社会基础设施。物联网旨在满足物体与物体间"3 个 Any"（Anytime，Anything，Anyplace）的链接，进而实现物联网更精确的"3 个 P"功能[12]。显然，物联网的主要核心功能与目前草畜平衡亟待解决的问题极为契合，即现行的草畜平衡系统需要预测草产量的时空变化，通过基于可预测的草产量时空数据动态分配牲畜的时空数据，实现动态的草畜平衡，减少或预防未来年份出现草畜失衡的现象。

基于物联网的动态草畜平衡系统，需要大规模感知草原地区的植被变化和牲畜信息。然而，本书研究区域具有面积辽阔、环境复杂、网络覆盖度低等特点，如新巴尔虎右旗（A1）境内部分靠近中国与蒙古国边界的地区未实现网络覆盖。因此，考虑到基于大规模物联网实现动态草畜平衡系统面临的诸多问题，如传感器在极端环境下的网络连接、可靠性、使用寿命等问题，以及构建大规模物联网所需的软硬件成本的问题，短期内难以实现大规模物联网的动态草畜平衡系统。

随着物联网和大数据应用于各行各业，让多源异构数据"会说话"逐渐成为新型物联网研究的热点[80]。本书研究区域的草原植被与关键气象因素具有紧密的相关性，如何使影响草原地区植被生长的多源异构数据"会说话"，为我们研究基于大规模物联网的动态草畜平衡系统提供了新的思路。基于多源传感器（如卫星、地面传感器）产生的草原植被感知数据、气象感知数据实现多源异构数据的协同，进而让多源异构数据"会说话"，将为实现大规模物联网的动态草畜平衡系统提供新的解决方法。因此，如图 2-6 所示，本书提出以研究区域中多个气象站点的气象传感器作为一种数据源，将用于植被感知（如 NDVI）的遥感卫星传感器作为另外的一种数据源，利用人工神经网络建模实现多源异构数据的协同，旨在预测出未来年份研究区域草原植被的时空变化，进而实现未来年份研究区域内牲畜的动态时空分配，避免局部草原地区的持续退化，实现草畜之间的动态平衡，最终基于多源异构数据的协同实现大规模物联网的动态草畜平衡系统。

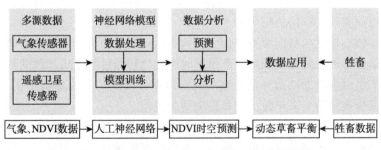

图 2-6　基于物联网的动态草畜平衡系统框图

基于多源异构数据协同的大规模物联网动态草畜平衡系统实现方案如图 2-6 所示，该物联网系统以多个气象站点为传感节点，利用神经网络建模实现研究区域的关键气象数据的时空预测，并利用神经网络建模实现关键气象数据与植被感知 NDVI 数据之间的协同映射，进而实现 NDVI 的时空预测，最终实现基于大规模物联网的动态草畜平衡系统。

2.5.2　动态草畜平衡系统的关键技术

如图 2-7 所示，基于物联网的动态草畜平衡系统主要功能是实现草产量的时空预测，进而指导未来年份牲畜数量的时空分配，最终实现草畜的动态平衡。该物联网基于多个气象站点实现研究区域内关键气象感知节点的空间覆盖，进而基于多个气象站的感知数据，利用神经网络实现未来年份关键气象数据——降水量的时空预测，并利用降水量与遥感数据 NDVI 之间的紧密关系实现 NDVI 的时空预测。因此，基于物联网的动态草畜平衡系统的关键技术主要有以下三点：

（1）基于神经网络建立关键气象感知降水量时间数据的自回归预测模型；

（2）基于神经网络建立降水量数据与 NDVI 数据之间的协同映射模型；

（3）基于神经网络建立降水量数据的时间-空间协同转换模型，最终基于不同类型混合神经网络模型实现 NDVI 的时空预测。

研究基于大规模物联网的动态草畜平衡系统需要解决三个关键技术，而解决三个关键技术则需要基于不同类型的神经网络实现多源异构时空数据的协同。

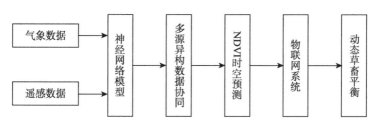

图 2-7　动态草畜平衡系统的主要流程

2.6 小结

　　本部分主要介绍了研究区域的概况、草畜平衡的定义及现行草畜平衡系统存在的问题，从而提出研究一种动态草畜平衡系统的必要性。基于物联网中的多源异构数据协同的方法，提出了一种新型动态草畜平衡系统，并介绍其具体的实现方法及三个关键技术，最后提出基于人工神经网络的多源异构数据协同方法，以解决动态草畜平衡系统中的三个关键技术。

3 基于神经网络的降水量时间数据自回归预测模型

本部分主要讲述基于神经网络建立长序列关键气象传感数据——降水量的自回归预测模型，旨在实现本书中基于物联网的动态草畜平衡系统的关键技术之一，即利用神经网络建模预测出未来年份的降水量时间数据。首先，概述人工神经网络的定义、分类及特点。其次，基于静态神经网络（如 BPNN）与动态神经网络（如 TDNN、NARX）之间的发展关系与特点，分别利用 BPNN、TDNN、NARX 建立降水量时间数据的自回归预测模型。最后，通过对三种神经网络预测结果的比较，确定用于降水量自回归预测建模的神经网络类型。第 3 部分的组织结构如图 3-1 所示。

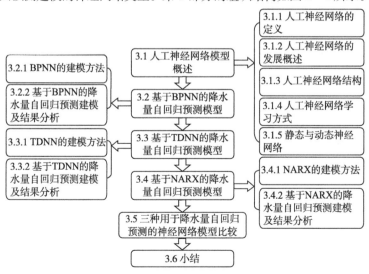

图 3-1　第 3 部分组织结构

3.1 人工神经网络模型概述

人工神经网络具有强大的自学习本领，根据不同类型神经网络模型的功能与特点，神经网络模型被应用于不同的领域。本部分主要介绍人工神经网络的定义、发展历程及分类。

3.1.1 人工神经网络的定义

人工神经网络（ANN）是一种基于大量的处理单元（神经元）连接而成的复杂网络，是一种模拟人脑神经网络的智能行为，具有从外界环境学习的能力，其优越性具体表现在非线性映射、并行处理及记忆存储等方面[82]。决定人工神经网络整体性能的三大要素为神经元、网络拓扑结构、学习规则。

神经元是 ANN 中的基本信息处理单元，是设计神经网络的基础。为了获得神经元的数学模型，需要将神经元数学化。神经元的数学结构的研究可以追溯到 1943 年，由心理学家 McCulloch 和数学家 Pitts 提出的著名的阈值加权和模型，简称一维 M-P 模型（McCulloch and Pitts）[83]。M-P 模型的结构如图 3-2 所示：

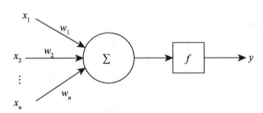

图 3-2　M-P 神经元结构

M-P 模型公式如式（3-1）所示：

$$y = f(\sum_{i=1}^{n} x_i w_i - T) \qquad (3-1)$$

式中，x_i（i=1，2，3，…，n）表示加在输入端的输入信号；y 为输出信号；w_i 为输入端对应的连接权重系数；$\sum$ 表示 x_i 与 w_i 的空间累加；T 表示神经元的阈值，神经元激活与否取决于 T，即只有输入总和超过 T 时，神经元才被激活而输出信号；f 表示神经元的激活函数，其基本作用为控制 x_i 对 y 的激活作用，并对 x_i 与 y 进行函数转换，将可能无限域的 x_i 变换成指定的有限范围的 y。因此，根据式（3-1）可知，M-P 神经元的主要特点是输出与输入的激活总量呈正比例，故也称为线性突触神经元（突触用来连接神经元，其连接强度即为权值），在神经元状态连续空间的神经网络中应用比较广泛。

除此之外，传统的神经元模型还有三种，依次为平方突触神经元、高斯突触神经元及多阈值神经元[84]。平方突触神经元的主要特点为训练时间短，常用于复杂数据的分类及模式识别等方面，其数学模型为：

$$y = f\left[\sum_{i=1}^{n}(w_i - x_i)^2 - T^2\right] \qquad (3-2)$$

高斯突触神经元的主要特点为神经元在误差反传中具有更好的收敛性，其数学模型为：

$$y = \sum_{i=1}^{n} e^{\frac{-(x_i - w_i)^2}{2\sigma_i^2}} \qquad (3-3)$$

式中，σ_i 为标准方差。

多阈值神经元的主要特点为具有多个阈值，即能产生多个激活函数，可实现多个单阈值神经元的功能，故可大大减少网络中的神经元数量，因此被广泛应用于多值逻辑运算。

3.1.2　人工神经网络的发展概述

人工神经网络的研究最早可以追溯到人类开始研究自己的智能的时期，即始于 1890 年美国著名心理学家 W. James 对于人脑结构与功能的研究[84]。如图 3-3 所示，此后的神经网络发展共分为四个时期，即启蒙时期、低潮时期、复兴时期、高潮时期，与四个神经网络发展时期对应的主要事件如下所示：

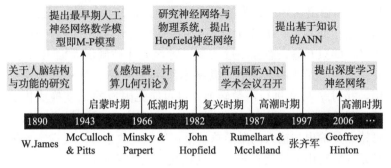

图 3-3　人工神经网络发展历程

（1）启蒙时期　1943 年，McCulloch 和 Pitts[83]根据动物神经网络提出了人工神经网络的数学模型即 M-P 模型；1949 年，Hebb[85]提出了"突出修正假设"，用于改变神经网络中神经元之间的连接强度。

（2）低潮时期　1969 年 Minsky 和 Parpert[86]在 *Perceptrons：An Introduction to Computational Geometry* 即《感知器：计算几何引论》一书中，指出感知器不能用于复杂的逻辑功能，因为解决此问题的多层神经网络的学习算法几乎无法实现，这一结论使得人工神经网络的研究进入了低潮期。

（3）复兴时期　1982 年，Hopfield[87]提出了 Hopfield 模型（神经网络和物理系统），将能量函数引入对称、反馈的网络拓扑结构中，以此研究联想记忆，实现最优化计算，最终成功解决了TSP（Travel Salesmen Problem）问题，极大地促进了人工神经网络的研究与发展；1987 年，Rumelhart 和 Mcclelland[88]领导的研究小组发表了 PDP（Parallel Distributed Processing）理论，提出了误差反向传播（Error Back Propagation）学习方法来训练多层前馈神经网络，从而逼近期望的连续函数，解决了多层神经网络的学习问题。

（4）高潮时期　1990 年，Aihara[89]等提出了混沌神经网络模型，之后出现多种改进的神经网络模型；1993 年，Bulsari[90]提出基于 Sigmoid 函数作为激活函数，实现利用人工神经网络逼近非线性系统的构造性描述，从而确定神经网络中节点数的上界估计；1997 年，加拿大 Carleton 大学张齐军教授提出了基于知识的 ANN，为 ANN 的进一步发展做出了重要贡献[91]；之后十几年的发展过程中，陆续有上百种的神经网络模型被提出与应用；2006 年，Geoffrey Hinton[92] 提出深度信念网络（DBNs），这使得人工神经网络的研究进入了深度学习时代。

3.1.3　人工神经网络结构

单个神经元结构简单，无法实现更多的功能。因此，需要将大量的神经元按照一定的规则形成拓扑结构，进而实现神经网络处理输入信号的功能，不同功能的神经网络基于不同规则的权值和阈值变化来实现。神经网络中神经元的连接形式及连接形成的拓扑结构种类繁多，一般归纳起来可分为两种大类型，即分层型和互联型[93]。

3.1.3.1　分层型神经网络结构

分层型神经网络主要指前馈型神经网络，根据拓扑结构的不同，分层型神经网络一般又分为简单前馈型、输出反馈型和前馈式内层互联型。

（1）简单前馈型神经网络　作为一种最简单的神经网络，简单前馈神经网络中各神经元依次分层排列，每层中的神经元只接收前一层神经元的输出，并传输给下一层，各层之间没有任何反馈，如 BPNN[94]，其学习目的是快速收敛，并用误差函数来判断其收敛程度。

（2）输出反馈型神经网络　输出反馈型神经网络除了具备前馈型神经网络的功能之外，还具有从输出层到输入层的信息反馈功能，每一层的神经元除了接收前一层的信号输入之外，也可以直接输出信息，直到整个网络形成一个稳定的收敛，从而获得最优化的网络结构，产生最理想的输出值。

（3）前馈式内层互联型网络　前馈式内层互联型神经网络从外部结构来看，与前馈型神经网络相同，但是内部各层神经元的连接却不相同，其内部神经元在层内可以实现互联。

3.1.3.2　互联型神经网络结构

互联型神经网络分为反馈式全互联与反馈式局部互联两种结构的神经网络。

（1）反馈式全互联神经网络　反馈式全互联神经网络中的每个神经元的输出和其他神经元的输入相连，从而实现神经元之间的动态反馈关系，这使得网络结构具有能量函数的自寻优功能，如 Hopfield 网络[95]。

（2）反馈式局部互联神经网络　反馈式局部互联神经网络指每个神经元的输出仅与它周围部分层神经元进行互联，形成局部反馈，其最终形成一种网格状拓扑结构，如 Elman 网络[96]和 Jordan 网络[97]。

3.1.4　人工神经网络学习方式

人工神经网络学习方式分为有监督学习、无监督学习、再励学习。

（1）有监督学习　在有监督学习方式中，训练数据分为输出值与期望值，每次训练神经网络时，都要对网络的输出与期望输出进行比较，根据两者比较产生的误差调整网络的神经元个数、权重，最终实现误差值最小即小于规定的误差范围，并最终通过输入新的数据验证网络的训练效果或预测性能，常见的有监督学习如 BPNN。

（2）无监督学习　在无监督学习方式中，训练数据仅包含输入向量，无输出向量，神经网络按照一个预先制定的规则自动调整权重，最终实现神经网络的模式分类的功能，常用的无监督学习有 Hebb 学习[85]、Kohonen 学习[98]、竞争式学习[99]等。

（3）再励学习　介于有监督学习和无监督学习之间的学习方式，是智能系统从环境到行为的映射学习，将学习视为试探评价过程，使强化或奖励信号值最大。

3.1.5　静态与动态神经网络

无反馈的前馈神经网络指静态神经网络，其目的是能够以任意精度逼近任意的理想函数，即多层前馈神经网络是一种通用的逼近器，如 BPNN、Wavelet 神经网络及 RBF 神经网络等[93]。相反，带有反馈的神经网络往往形成的是具有时滞功能的动态神经网络，相比于单纯前馈神经网络具有更优越的性能，如带有反馈的神经网络可能等效于一个巨大规模甚至无限维的前馈网络[100]。

动态神经网络指能够表征模型中输入与输出之间非线性动态时间特性的神经网络。动态神经网络基于静态神经网络发展而来，往往需要通过输入层或输出层添加的延时单元实现网络动态特性。动态神经网络类型有多种，如表 3-1 所示，常见的有TDNN[101]、RNN[102]、NARX[103]、DNN[104]等。

表 3-1　常见的动态神经网络类型

年份	动态神经网络	特点
1989	TDNN（Time Delay Neural Network）	输入端有延迟单元的前馈系统，利用输入层离散的时间延迟实现网络的动态特性
1994	RNN（Recurrent Neural Network）	输出对输入有反馈，利用输出对输入离散的延迟信息提供网络的动态特性
1996	NARX（Nonlinear Auto-regressive with eXogeneous inputs）	输出对输入有反馈，常用于单序列自回归预测
2002	DNN（Dynamic Neural Network）	输出对输入有反馈，利用连续的导数信息实现网络的动态特性

总体来看，鉴于本书研究的多源异构数据为表征植被变化的遥感卫星传感数据 NDVI 和降水量数据，两者之间存在明显的动态时间性关系。因此，通过比较典型的静态神经网络（如BPNN）与动态神经网络（如 TDNN、NARX）的性能，确定用

于降水量自回归预测建模、降水量与 NDVI 时间数据协同建模、降水量与 NDVI 时空数据协同建模的神经网络类型。

3.2　基于 BPNN 的降水量自回归预测模型

由于 TDNN 和 NARX 模型均发展自前向型神经网络（如 BPNN），且与 BPNN 的模型训练方法、建模步骤及误差算法相同。对于单变量的自回归预测模型而言，尽管有多个文献已经证明带有延迟单元的动态神经网络（如 TDNN、NARX）的预测精度要高于不带有延迟单元的静态神经网络（如 BPNN）[112]，但是为了便于分析降水量数据间的时间性关系及比较预测效果，分别选择 BPNN、TDNN、NARX 进行降水量数据的自回归预测，从而确定用于多个气象站点降水量自回归预测模型的神经网络类型，以便精确预测出多个气象站点未来年份降水量时间数据。

本部分中用于降水量自回归预测的 BPNN 模型，需要通过反复训练不同年份降水量输入组合，并通过测试数据的验证，方可确定最优的输入组合、最优的模型结构，以及获得最佳的预测效果，即获得与实际降水量观测数据具有相同变化趋势的预测值。

3.2.1　BPNN 的建模方法

本书研究的基于大规模物联网的动态草畜平衡系统，旨在基于星地传感器的多源异构数据协同实现草原植被时空变化的预测，其中整个系统需要建立多个多源异构数据协同模型。根据神经网络的发展历程、结构特点、学习方式及应用特点，本书基于静态、动态的神经网络建立多源异构数据协同所需的模型，并利用多步骤、多模型预测出未来年份植被的时空变化。本部分主要介绍典型的静态神经网络 BPNN 的结构、算法过程。BPNN 作为目前应用最广泛的静态神经网络，在本书中用来实现关键气象因素时间数据与空间数据之间的协同转换。本部分以降水量的时间-空间数据协同转换模型为例，具体介绍以经度、纬度、海拔、时间（年）为输入变量，以降水量空间数据作为输出变量，并讨论降水量时间-空间数据协同转换模型的算法实现过程。

3.2.1.1 BPNN 的结构设置

Back Propagation 算法产生于 1970 年，但一直到 David Rumelhart、Geoffrey Hinton 和 Ronald Williams 于 1986 年合著的论文发表才被重视[105]。如图 3-4 所示，以本书中用于降水量时空数据协同转换的 BPNN 模型网络结构为例，该 BPNN 由输入层（Input Layer）、隐藏层（Hidden Layer）及输出层（Output Layer）构成，属于单向传播的神经网络。BPNN 的输入层有 n 个神经元（$n=4$），x_1、x_2、x_3、x_4 依次代表输入变量经度（Latitude）、纬度（Longitude）、海拔（Elevation）、时间[Time（year）][106]；隐藏层有 p 个神经元；BPNN 的输出层可以有多个输出，本书中只计算降水量的空间值，因此 $q=1$；d_o 代表降水量空间值的期望值；y_o 为研究区域内多个气象站点对应的生长季降水量月平均值。

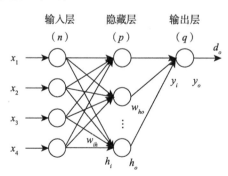

图 3-4 用于降水量时空数据协同的 BPNN 模型结构

3.2.1.2 BPNN 的算法实现

根据图 3-4 所示的降水量时间-空间数据协同转换模型的 BPNN 结构，对其变量定义如表 3-2 所示。

表 3 - 2　BP 算法的变量定义

序号	变量	名称
1	$X = (x_1,\ x_2,\ x_3,\ x_4)$	输入层的输入值
2	$h_i = (h_{i1},\ h_{i2},\ \cdots,\ h_{ip})$	隐藏层输入值
3	$h_o = (h_{o1},\ h_{o2},\ \cdots,\ h_{op})$	隐藏层输出值
4	y_i	输出层输入值
5	y_o	输出层输出值
6	d_o	输出期望值
7	w_{ih}	输入层与隐藏层的连接权值
8	w_{ho}	隐藏层与输出层的连接权值
9	b_h	隐藏层各神经元的阈值
10	b_o	输出层神经元的阈值
11	η	学习步长
12	$f_{\text{BPNN}}\ (\cdot)$	BPNN 的激活函数

BPNN 中一般常用的激活函数 $f_{\text{BPNN}}\ (\cdot)$ 为 Sigmoid[107]，即：

$$f_{\text{BPNN}}(\cdot) = sigmoid(x) = \frac{1}{1 + e^{-x}} \qquad (3 - 4)$$

故：

$$f'_{\text{BPNN}}(\cdot) = f_{\text{BPNN}}(\cdot)[1 - f_{\text{BPNN}}(\cdot)] \qquad (3 - 5)$$

BPNN 的误差函数为：

$$e = \frac{1}{2} \sum_{o=1}^{q} [d_o(k) - y_o(k)]^2 \qquad (3 - 6)$$

由于图 3 - 4 降水量时间-空间数据协同转换模型中的输出为一个变量，故式（3 - 6）中的 $k = 1$。即本书研究所需 BPNN 模型的误差函数为：

$$e = \frac{1}{2} \sum_{o=1}^{q} (d_o - y_o)^2 \qquad (3 - 7)$$

BPNN 的训练学习是通过误差反传，不断调整各层权重值，最终实现各层权重收敛于最佳值。任意权重参数的更新公式为：

$$w \leftarrow w + \Delta w \qquad (3 - 8)$$

BPNN 利用梯度下降法（Gradient Descent）来实现最优解

的求解，通过目标的负梯度方向调整参数（权重值），通过多次迭代，实现新的权重参数值趋于最优解。设给定学习步长为 η，以计算隐藏层到输出层的连接权值 w_{ho} 为例，则有：

$$\Delta w_{ho} = -\eta \frac{\partial e}{\partial w_{ho}} \qquad (3-9)$$

用于降水量时间-空间数据协同转换的 BPNN 模型具体算法实现步骤如下：

（1）网络初始化 给各连接权值 w_{ih}、w_{ho} 赋值，赋值范围为 $(-1,1)$ 内的随机数，设定误差函数 e，计算精确度和最大学习次数。

（2）随机选择第 k 输入样本及对应的期望输出，即：

$$x(k) = [x_1(k), x_2(k), \cdots, x_n(k)] \qquad (3-10)$$

$$d_o(k) = d_1(k) \qquad (3-11)$$

（3）计算出隐藏层神经元对应的输入和输出：

$$hi_h(k) = \sum_{i=1}^{n} w_{ih} x_i(k) - b_h \quad h = 1, 2, \cdots, p \qquad (3-12)$$

$$ho_h(k) = f_{\mathrm{BPNN}}[hi_h(k)] \quad h = 1, 2, \cdots, p \qquad (3-13)$$

（4）计算输出层神经元对应的输入和输出：

$$y_i = \sum_{h=1}^{p} w_{ho} ho_h(k) - b_o \quad o = 1 \qquad (3-14)$$

$$y_o(k) = f_{\mathrm{BPNN}}[y_i(k)] \qquad (3-15)$$

（5）计算误差函数对输出层各神经元的偏导数 $\delta_o(k)$：

$$\frac{\partial e}{\partial y_i} = \frac{\partial \left\{ \frac{1}{2} \sum_{o=1}^{q} [d_1(k) - y_o(k)]^2 \right\}}{\partial y_i}$$
$$= -[d_1(k) - y_o(k)] f'_{\mathrm{BPNN}}[y_i(k)]$$
$$= -\delta_o(k) \qquad (3-16)$$

$$\frac{\partial y_i}{\partial w_{ho}} = \frac{\partial \left[\sum_{h}^{p} w_{ho} ho_h(k) - b_o \right]}{\partial w_{ho}} = ho_h(k) \qquad (3-17)$$

根据式（3-16）与（3-17），得误差函数对隐藏层与输出层连接权值的偏导数：

$$\frac{\partial e}{\partial w_{ho}} = \frac{\partial e}{\partial y_i} \frac{\partial y_i}{\partial w_{ho}} \qquad (3-18)$$

$$\frac{\partial e}{\partial w_{ho}} = -\delta_o(k) ho_h(k) \qquad (3-19)$$

$$\Delta w_{ho} = -\eta \frac{\partial e}{\partial w_{ho}} = \eta \delta_o(k) ho_h(k) \qquad (3-20)$$

$$w_{ho}^{N+1} = w_{ho}^N + \eta \delta_o(k) ho_h(k) \qquad (3-21)$$

(6) 同理以上步骤，计算误差对输入层与隐藏层之间连接权值 w_{ih} 的偏导数：

$$\frac{\partial e}{\partial w_{ih}} = \frac{\partial e}{\partial hi_h(k)} \frac{\partial hi_h(k)}{\partial w_{ih}} \qquad (3-22)$$

$$\frac{\partial hi_h(k)}{\partial w_{ih}} = \frac{\partial \left[\sum_{i=1}^{n} w_{ih} x_i(k) - b_h \right]}{\partial w_{ih}} = x_i(k) \qquad (3-23)$$

误差函数对隐藏层各神经元的偏导数 $\delta_h(k)$：

$$\frac{\partial e}{\partial hi_h(k)} = \frac{\partial \left\{ \frac{1}{2} \sum_{o=1}^{q} \left[d_1(k) - y_o(k) \right]^2 \right\}}{\partial ho_h(k)} \frac{\partial ho_h(k)}{\partial hi_h(k)}$$

$$= -\left[\sum_{o=1}^{q} \delta_o(k) w_{ho} \right] f'_{\text{BPNN}} \left[hi_h(k) \right]$$

$$= -\delta_h(k) \qquad (3-24)$$

根据式（3-22）、（3-23）、（3-24），得误差函数对输入层与隐藏层连接权值的偏导数：

$$\frac{\partial e}{\partial w_{ih}} = -\delta_h(k) x_i(k) \qquad (3-25)$$

$$\Delta w_{ih} = -\eta \frac{\partial e}{\partial w_{ih}} = \eta \delta_h(k) x_i(k) \qquad (3-26)$$

$$w_{ih}^{N+1} = w_{ih}^N + \eta \delta_h(k) x_i(k) \qquad (3-27)$$

(7) 判断网络误差是否满足要求　即降水量空间预测值是否满足与输出期望值之间的误差要求，需要观察 BPNN 网络学习的次数是否达到设定的最大次数或训练误差达到预定的精确度，方能结束该学习样本的训练，从而选取下一个样本及对应的期望输出，返回第（2）步，进入下一轮学习。

通过分析 BPNN 网络训练的算法过程，可知 BPNN 建模需要利用误差函数对隐藏层和输出层各神经元的偏导数 $\delta_h(k)$ 和 $\delta_o(k)$，分别实现对隐藏层和输出层连接权重的修正，进而实现 BPNN 模型输出的降水量预测值与实际的降水量期望值之间误差最小，最终获得最优的降水量时间-空间数据协同转换 BPNN 模型。对于该 BPNN 模型中隐藏层层数及隐藏层节点数的设置，以及该 BPNN 模型的预测输出与期望输出之间的结果比较，将在后续章节中以实例形式进行详细介绍。

3.2.1.3 BPNN 的学习过程

通过对基于 BPNN 的数据协同建模中具体算法的介绍，可知 BPNN 的学习方法属于有监督学习，其学习方法为将模型的预测输出值与期望输出值之间的误差通过隐藏层向输入层逐层反传，通过修正各层中的连接权值，实现 BPNN 模型的误差最小化。如图 3-5 所示，对 BPNN 训练具体实现过程进行总结，可分为以下四个步骤：

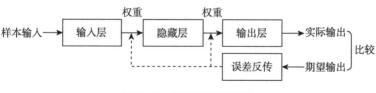

图 3-5 BPNN 学习过程

（1）正向传播 正向传播阶段中，样本输入至神经网络输入层、各隐藏层，最后传输至输出层，产生模型的实际输出值。

（2）反向传播 根据输出层的实际输出与期望输出的比较结果即误差是否小于规定值，判断是否转入反向传播阶段。

（3）误差反传 进入反向传播阶段，即指误差以误差对各层神经元连接权值的偏导数的形式在各层中表示，以修正各层的权重值。

（4）训练结束 神经网络的实际输出与期望输出之间的误差减少到可以接受的程度，或者网络训练的学习次数达到预先设定值时，则训练结束。

3.2.2 基于 BPNN 的降水量自回归预测建模及结果分析

如图 3－6 所示，基于 BPNN 中的非线性函数拟合算法实现数据的协同方法可以分为三个步骤，即 BPNN 网络构建、BPNN 网络训练和 BPNN 数据协同。其中，BPNN 模型的输入输出为同一单变量时，对应的数据协同模型指单变量的自回归预测模型。建立最优的 BPNN 需要确定最优的模型结构，主要指根据非线性拟合函数特点确定网络拓扑结构，根据干旱半干旱草原地区的降水量与植被之间交互的关系，未来年份的降水量不仅与当年的降水量相关，也与之前年份的降水量相关[108]。因此，通过以下步骤，可确定最优的降水量输入组合、模型结构。具体 BPNN 模型的结构确定步骤如下：

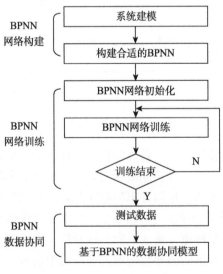

图 3－6 BPNN 的算法流程

（1）神经网络层数的确定 根据降水量数据的多少，本书选择合适结构的 BP 神经网络，其中隐藏层节点数的选择范围参考以下方程确定[111]：

$$n_2 = \sqrt{n_1 + m + 1} + a \quad a = 1 \sim 10 \quad (3-28)$$

$$n_1 = \log_2(n_2) \quad (3-29)$$

式中，n_1 为输入层的节点数；n_2 为隐藏层节点数；m 为输出层节点数。参考式（3-28）与（3-29），反复训练不同组合的降水量数据，通过进一步的数据验证确定最优的隐藏层结构及其包含的节点数。

（2）传输函数和学习函数的确定 本书隐藏层传输函数为 Tansig，输出层传输函数为 Logsig，学习函数为 Learndm。

（3）参数设置 最大迭代循环次数为 10 000，最小训练误差为 0.001，为防止过拟合，最大训练失败次数为 3 次，否则修改训练精度。

3.2.2.1 基于 BPNN 的降水量预测模型结构

本部分基于降水量历史观测数据建模预测出未来年份的降水量，选择研究区域的 A4 子区域样本数据训练 BPNN 模型，其中 1961—2004 年生长季降水量数据作为训练数据，2005—2015 年生长季降水量数据作为模型测试数据。通过 BPNN 模型的训练和验证，如图 3-7 所示，最终能够确定用于降水量自回归预测

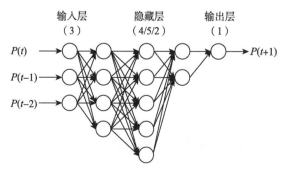

图 3-7 基于 BPNN 的降水量自回归预测模型

的 BPNN 模型最佳输入、隐藏层个数及各层节点数，即最优的输入组合为利用之前三年的降水量时间序列 $P(t)$、$P(t-1)$ 及 $P(t-2)$ 作为输入，输出为 $P(t+1)$，隐藏层为 3 层，对应的节点数目依次为 4、5、2，该模型对应的公式表达式为：

$$P(t+1) = f_{\text{BPNN}}[P(t), P(t-1), P(t-2)] \quad (3-30)$$

3.2.2.2 基于 BPNN 的降水量自回归预测模型结果分析

如图 3-8 所示，以前三年的降水量时间数据作为模型的输入，利用 BPNN 模型可以预测出降水量的变化趋势。此外，图 3-8 结果中比较明显的是降水量的预测值与实际值之间存在比较明显的时间延迟关系，BPNN 模型的预测输出相对于期望值（实际值）向后延迟约 1 个时间序列。

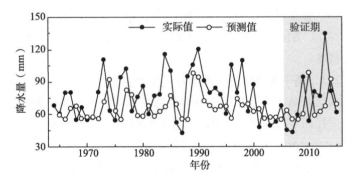

图 3-8　基于 BPNN 的降水量自回归预测模型预测结果
（以 A4 区域为例，$R^2 = 0.05$）

总之，通过观察 BPNN 模型的降水量预测结果可以得出这样一个结论，即被预测年份的降水量与之前年份的降水量存在动态的时间性关系。因此，适合利用具有时间记忆能力的动态神经网络（如 TDNN、NARX）进行降水量自回归建模预测。

3.3　基于 TDNN 的降水量自回归预测模型

TDNN 模型的建立方法及算法过程与 BPNN 基本一致，唯一不同之处为需要确定输入层的延迟时间。因此，基于相同的降水量训练数据，同理于3.2.1中用于降水量自回归预测的BPNN建模方法，确定TDNN的最优模型结构。

3.3.1 TDNN的建模方法

由于本书研究区域为干旱半干旱草原地区，其生长季（每年6—8月）草原植被生长变化不仅与同期的降水量之间具有动态交互性的关系，当年的植被生长变化往往与之前年份的降水量同样具有相关性[108][112]，而降水量也受到当年以及之前年份植被变化的影响。因此，鉴于生长季的降水量与植被生长之间的动态特性，建立降水量数据的自回归预测，需要考虑具有时间记忆功能的动态神经网络（如TDNN或NARX），确定适合用于降水量自回归预测模型的动态神经网络类型。

3.3.1.1 TDNN的结构设置

TDNN基于静态的前馈神经网络（如BPNN）发展而来，TDNN采用与BPNN相同的误差反传的方法实现模型优化。如图3-9所示，为基于TDNN的降水量数据与NDVI数据之间的协同模型结构。TDNN包括输入层、隐藏层及输出层三层结构，与BPNN结构设置不同的是，TDNN中输入层与隐藏层之间连接有并行的延时模块，延时模块的内部结构如图3-9中虚框所示，节点 l 到下一层的节点 m 之间的权值为节点 l 在 t，$t-1$，…，$t-T$ 时刻输出（T 为延时时间）的加权之和[101]。图中 P_{i1}，P_{i2}，P_{i3}，…，P_{in} 为输入变量即连续年份的生长季降水量，I_N 为生长季的NDVI值。由于TDNN在传统的前馈神经网络的输入层添加有延时单元，使其能够记忆以往输入数据对当前输出的影响，从而使TDNN具有输入记忆能力，进而可以实现TDNN模型具有动态的抽象行为能力。因此，TDNN模型能够记忆以往年份降水量数据对当前年份NDVI的影响。

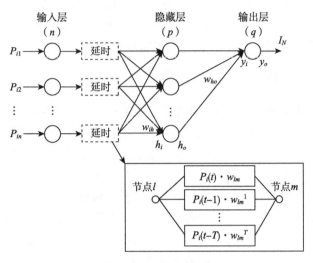

图 3 - 9 TDNN 结构

3.3.1.2 TDNN 的算法实现

为方便理解 TDNN 的算法实现过程，本书以降水量数据与 NDVI 数据协同映射模型为例进行介绍。由于 TDNN 发展自 BPNN，且 TDNN 与 BPNN 的误差处理方式相同，故 TDNN 参数表征方法同理于 BPNN，本书中用于降水量数据与 NDVI 数据协同的 TDNN 模型算法实现所需变量如表 3 - 3 所示。

表 3 - 3 TDNN 模型训练算法的变量定义

序号	变量	名称
1	$P(i) = (P_{i1}, P_{i2}, \cdots, P_{in})$	输入层的降水量输入数据
2	T_{ih}	输入层到隐藏层的延时时间
3	w_{lm}^{IH}	输入层节点 l 到隐藏层节点 m 的权值
4	$\boldsymbol{W}_t^{IH} = \left[w_{lm}^{IH}\right]_{p \times n}$	延时时间为 T_{ih} 的输入层到隐藏层的权值矩阵
5	$h_i = (h_{i1}, h_{i2}, \cdots, h_{ip})$	隐藏层输入值
6	$h_o = (h_{o1}, h_{o2}, \cdots, h_{op})$	隐藏层输出值

（续）

序号	变量	名称
7	y_i	输出层输入值
8	y_o	输出层输出值
9	I_N	输出期望值
10	w_{ih}	输入层与隐藏层的连接权值
11	w_{ho}	隐藏层与输出层的连接权值
12	b_h	隐藏层各神经元的阈值
13	b_o	输出层神经元的阈值
14	f_{TDNN}（·）	TDNN 的激活函数

基于 TDNN 的降水量-NDVI 数据协同模型的算法训练过程如下步骤所示：

（1）网络初始化 给各连接权值 w_{ih}、w_{ho} 赋值，赋值范围为（-1，1）内的随机数，设定误差函数 e（同理 3.2.1.2 中BPNN 算法）；

（2）从降水量数据样本集中随机选择第 k 输入样本及对应的期望输出，即输入 $P（k）=（P_{k1}，P_{k2}，\cdots，P_{kn}）$，$k=0，1，\cdots，n$，输出期望值为 $I_N（k）$；

（3）计算出隐藏层神经元对应的输入；

当输入延时 $T_{ih}=0$ 时，设输入样本为 $P（0）=（P_{01}，P_{02}，\cdots，P_{0n}）$，由于此时 TDNN 没有输入延时，其隐藏层输入权值计算方法相同于 BPNN，即：

$$h_i(0) = W_0^{IH} P(0) = \sum_{k=1}^{n} w_{ih}^0 P_{0k} - b_h \quad （3-31）$$

当 $T_{ih}=1$ 时，设下一个输入样本为 $P（1）=（P_{11}，P_{12}，\cdots，P_{1n}）$，因为 TDNN 输入中加入 1 个延时，因此计算隐藏层输入权值时，需要同时计算 $P（0）$、$P（1）$ 对应的权值，即：

$$h_i(1) = W_0^{IH} P(1) + W_1^{IH} P(0) \quad （3-32）$$

同理，当 $T_{ih}=T_{ih}$ 时：

$$h_i(t) = W_0^{IH} P(t) + W_1^{IH} P(t-1) + \cdots + W_{T_{ih}}^{IH} P(t-T_{ih})$$

$$= \sum_{i=0}^{T_{ih}} W_i^{IH} P(t-i) \tag{3-33}$$

式（3-33）中，$\boldsymbol{W}_i^{IH} = \left[w_{ih}^{IH} \right]_{p \times n}$ 为基于带有延时单元的输入层到隐藏层的 $p \times n$ 维权值矩阵；$t = T_{ih} - i$。

(4) 计算出隐藏层神经元对应的输出；

$$h_o(t) = f_{\text{TDNN}}[h_i(t)] = f_{\text{TDNN}}\left[\sum_{i=0}^{T_{ih}} W_i^{IH} P(t-i) \right]$$

$$\tag{3-34}$$

(5) 同理 3.2.1.2 中 BPNN 的算法步骤（4），计算出输出层神经元对应的输入和输出；

$$y_i = \sum_{h=1}^{p} w_{ho} h_o(t) - b_o \tag{3-35}$$

$$I_N = y_o = f_{\text{TDNN}}(y_i) \tag{3-36}$$

(6) TDNN 误差反传计算方法同理于 BPNN，这里不再赘述。当 TDNN 网络学习次数达到设定的最大次数或误差达到预定精确度时，结束该学习样本的训练，选取下一个样本及对应的期望输出，返回第（2）步，进入下一轮学习，最终建立最优的TDNN 模型。

通过分析 TDNN 结构及模型训练的算法可知，输入层加入延时单元的 TDNN 模型将能够考虑更多的降水量输入的组合，如当加入的延时 $T_{ih}=1$ 时，降水量数据 $P(0) = (P_{01}, P_{02}, \cdots, P_{0n})$ 与 $P(1) = (P_{11}, P_{12}, \cdots, P_{1n})$ 被同时考虑，显然通过延迟记忆可以实现输入层的扩展，随着输入层加入的延时 T_{ih} 的增加，将有更多降水量输入的组合被考虑，通过反复训练及模型优化，将确定最优的 T_{ih}，从而实现基于 TDNN 模型精确表征当年植被 NDVI 数据与当年及以往年份降水量数据之间存在的潜在时间性关系。基于 TDNN 实现的降水量-NDVI 数据协同模型的具体优化结构、模型训练结果及误差分析将在后续章节中以实例形式进行详细介绍。

3.3.2 基于 TDNN 的降水量自回归预测建模及结果分析

3.3.2.1 基于 TDNN 的降水量自回归预测模型结构

本部分同理于 3.2.1 中的 BPNN 模型建模方法，以 A4 区域为实例，将 A4 区域 1961—2004 年生长季降水量数据作为训练数据，2005—2015 年生长季降水量数据作为测试数据。通过反复对降水量数据的训练和模型验证，如图 3-10 所示，最终确定用于降水量自回归预测的 TDNN 模型最佳输入、输入层延时个数、隐藏层个数及各层节点数，即输入为前三年的降水量时间序列 $P(t-1)$、$P(t-2)$ 及 $P(t-3)$，输入延迟个数为 1，输出为 $P(t)$，隐藏层为单层（节点数为 7），结合图 3-10 可得该 TDNN 模型对应的公式表达式为：

$$P(t+1) = f_{\text{TDNN}}[P(t), P(t-1); P(t-1), P(t-2);$$
$$P(t-2), P(t-3)] \qquad (3-37)$$

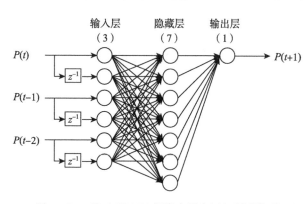

图 3-10 基于 TDNN 的降水量自回归预测模型

3.3.2.2 基于 TDNN 的降水量自回归预测模型结果分析

如图 3-11 所示，相比较于 BPNN 模型，基于 TDNN 的降水量自回归预测模型能够更出色地完成降水量的自回归预测。此外，TDNN 模型能够准确地预测出降水量的变化趋势，尽管在模型的训练阶段出现三次降水量变化趋势预测错误（如 1970、2000 及 2002 年），但模型的验证阶段几乎与实际值一致，基于 TDNN 模型的降水量自回归预测值与实际值的相关性系数 $R^2 = 0.74$。

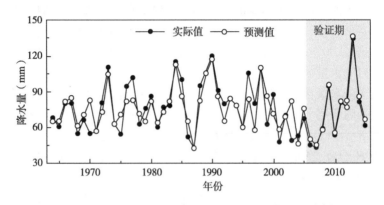

图 3-11　基于 TDNN 的降水量自回归预测模型预测结果
（A4 区域为例，$R^2 = 0.74$）

总之，通过观察 TDNN 模型的降水量预测结果可以得出这样一个结论，即生长季降水量数据之间存在比较明显的时间延迟关系。考虑到 NARX 模型发展自 TDNN，而 NARX 模型更适合用于单变量的自回归预测[115]。因此，本文考虑利用 NARX 建立降水量的自回归预测模型，并与 BPNN、TDNN 的性能进行比较，最终确定用于降水量时间数据自回归预测模型的神经网络类型。

3.4　基于 NARX 的降水量自回归预测模型

NARX 模型的建立方法及算法过程与 BPNN、TDNN 基本一致，不同之处为 NARX 模型的外部输入端只有一个，且 NARX 模型需要确定输入延迟、输出反馈至输入的延迟时间。

此外，训练 NARX 模型时一般将整个数据按照一定的比例随机分配为训练数据与验证数据[115]，本书将整个数据分为 80% 的训练数据与 20% 的验证数据，以用于建立 NARX 最优模型。如图 3-12 所示，基于单序列的降水量时间数据 P（t）实现预测 P（$t+1$），同理于 BPNN、TDNN 模型的算法过程，可获得用于降水量自回归预测的 NARX 模型最优结构。

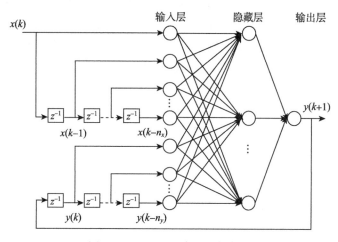

图 3-12　NARX 神经网络结构

3.4.1　NARX 的建模方法

NARX 全称为带外部输入的非线性自回归模型。通常情况下，NARX 属于反馈型神经网络，也能够实现与全回归神经网络之间的互换，故 NARX 成为非线性动态神经网络中应用比较广泛的一种神经网络，尤其是应用于单序列自回归预测模型。尽管 NARX 神经网络与 TDNN 均属具有延迟记忆能力的动态神经网络，但 NARX 模型不仅能够记忆以往输入对当前模型输出的影响，还能够记忆以往输出对当前模型输出的影响。

3.4.1.1　NARX 的结构设置

如图 3-12 所示，NARX 神经网络的结构主要由三部分组成，即输入层、隐藏层和输出层，与前向型神经网络不同的是，NARX 神经网络的输入由外部输入与输出至输入的反馈两部分组成，故在应用 NARX 神经网络前一般需要确定输入延时个数、隐藏层神经元个数和输出反馈至输入的延时个数。

NARX 将带有外部输入的自回归（ARX）结构的时间序列概念引入神经网络中，利用神经网络良好的非线性映射能力，外加同理于 TDNN 的输入延时能力，以及输出层经延时单元反馈至输入的结构，使得 NARX 神经网络不仅能够映射出输出层数据与之前外部输入数据之间的相关性，同时也可以映射出当前输出层数据与之前的输出层数据之间的相关性。因此，NARX 神经网络能够捕捉复杂的输入-输出数据之间的动态时间性关系，具有较强的非线性映射能力与抗干扰能力，从而实现 NARX 神经网络具有非线性动态系统的任意逼近能力，针对时间序列具有较好的预测效果[113]。

3.4.1.2 NARX 的算法实现

如图 3-12 所示，NARX 神经网络的输出不仅取决于输入，还取决于以往的输出，即当前的输入、过去的输入及过去的输出共同决定了当前的输出[114]。由于本书中 NARX 既可以应用于降水量单时间序列的预测，也可以应用于降水量- NDVI 映射模型的训练。因此，本部分分别使用 $x(k)$ 与 $y(k+1)$ 代表 NARX 模型的输入与输出，其余 NARX 模型训练算法的变量定义如表 3-4 所示，具体训练算法过程如步骤如下所示：

表 3-4　NARX 模型训练算法的变量定义

序号	变量	名称
1	$X=(x_1, x_2, \cdots, x_k) \in R^n$	输入样本序列
2	n_x	外接输入端输入层的延时个数
3	n_y	输出反馈至输入层的延时个数
4	$h_i = (h_{i1}, h_{i2}, \cdots, h_{ip})$	隐藏层输入值
5	$h_o = (h_{o1}, h_{o2}, \cdots, h_{op})$	隐藏层输出值

（续）

序号	变量	名称
6	y_i	输出层输入值
7	$y(k+1)$	输出层输出值
8	$d(k)$	输出期望值
9	w_a^{ih}	输入层与隐藏层的连接权值
10	v_b^{ih}	输出反馈至输入层后与隐藏层之间的权值
11	w_{ho}	隐藏层与输出层的连接权值
12	b_h	隐藏层各神经元的阈值
13	b_o	隐藏层各神经元的阈值
14	z^{-1}	延时单元
15	$f_{NARX}(\cdot)$	NARX 神经网络的激活函数

（1）网络初始化　给各连接权值 w_a^{ih}、v_b^{ih}、w_{ho} 赋值，赋值范围为（−1，1）内的随机数，设定误差函数 e（同理 3.2.1.2 中 BPNN 算法）；

（2） 输入样本及对应的期望输出，即输入 $X=(x_1，x_2，\cdots，x_k)$，输出值为 $d(k)$；

（3） 同理 3.3.1.2 中 TDNN 算法步骤（3），可计算出隐藏层神经元对应的输入；

$$h_i(t) = w_0^{ih}x(t) + w_1^{ih}x(t-1) + \cdots + w_{n_x}^{ih}x(t-n_x)$$
$$+ v_1^{ih}y(t-1) + \cdots + (v_{n_y}^{ih})'y(t-n_y)$$
$$= \sum_{a=0}^{n_x} w_a^{ih}x(t-a) + \sum_{b=1}^{n_y} v_b^{ih}y(t-b) \qquad (3-38)$$

$$h_o(t) = f_{NARX}[h_i(t)]$$
$$= f_{NARX}\left[\sum_{a=0}^{n_x} w_a^{ih}x(t-i) + \sum_{b=1}^{n_y} v_b^{ih}y(t-j)\right] \qquad (3-39)$$

（4） 同理 3.2.1.2 中 BPNN 的算法步骤（4），计算出输出层神经元对应的输入和输出：

$$y_i = \sum_{h=1}^{p} w_{ho}h_o(t) - b_o \qquad (3-40)$$

$$y_o = f_{\text{NARX}}[y_i(t)] \qquad (3-41)$$

通过分析 NARX 神经网络的结构及模型训练的算法可知，NARX 模型的输出不仅与当前的外加输入相关，也与模型之前的输出相关。因此，当外加的输入变量与模型的输出变量相同时，NARX 模型则可以用于单序列自回归变量的预测。在本研究中，各气象站点未来年份的降水量预测数据可由不同结构的 NARX 模型自回归预测获得，具体模型的结构及预测结果在后续章节中以实例形式进行介绍。

此外，当 NARX 模型外加输入变量与模型的输出变量不相同时，例如本研究中的降水量数据与 NDVI 数据之间的协同映射模型，其输入变量为降水量，输出变量为 NDVI，此时 NARX 模型可以用于不同数据之间的协同建模。NARX 模型不仅具有 TDNN 模型的输入记忆功能，还具有记忆之前输出数据的功能。基于 NARX 建立的降水量- NDVI 多源异构数据协同映射模型，将充分考虑降水量数据与 NDVI 数据之间复杂的时间性关系，即对于植被监测数据 NDVI 的预测而言，将充分考虑当年与之前年份的降水量变化，以及植被本身以往年份的变化，基于 NARX 的降水量- NDVI 映射模型的最优结构及训练结果将在后续章节以实例形式进行介绍。

3.4.2 基于 NARX 的降水量自回归预测建模及结果分析

3.4.2.1 基于 NARX 的降水量自回归预测模型结构

如图 3-13 所示，基于降水量时间数据通过反复对 NARX 模型的数据训练及优化，最终确定最优的 NARX 模型结构，即输入为降水量时间序列 $P(t)$，输出为 $P(t+1)$，输入延时个数为 9，输出反馈至输入的延时个数为 3，隐藏层为单层（节点数为 44），结合图 3-13 可得该 NARX 模型对应的公式表达式为：

$$P(t+1) = f_{NARX}[P(t), P(t-1), P(t-2), \cdots, P(t-9);$$
$$P(t), P(t-1), P(t-2)] \qquad (3-42)$$

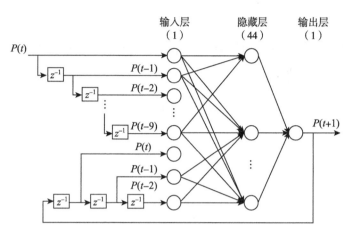

图 3-13　基于 NARX 的降水量自回归预测模型

3.4.2.2 基于 NARX 的降水量自回归预测模型结果分析

如图 3-14 所示，相比较于 BPNN、TDNN 模型，基于 NARX 的降水量自回归预测模型具有更精确的降水量预测能力，基于 NARX 模型预测的降水量变化趋势基本与实际值的相同，其对应的预测值与实际值的相关性系数 $R^2 = 0.97$。因此，基

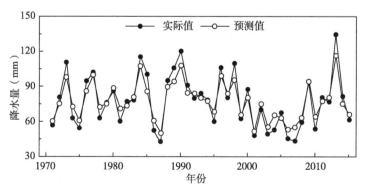

图 3-14　基于 NARX 模型的降水量自回归预测模型预测结果（$R^2 = 0.97$）

于 NARX 的降水量预测模型的结果说明 NARX 非常适合预测单个降水量时间序列的自回归预测，这与 NARX 的模型特点相一致。

3.5 三种用于降水量自回归预测的神经网络模型比较

为了评价神经网络模型的预测误差、精确度、鲁棒性等性能，本书选择平均绝对误差（Mean Absolute Error，E_{MA}）、均方根误差（Root Mean Square Error，E_{RMS}）、平均绝对百分比误差（Mean Absolute Percentage Error，E_{MAP}）用于验证神经网络模型的性能[116]，其对应的公式分别如下所示：

$$E_{MA} = \frac{1}{n} \sum_{i=1}^{n} |y_i - p_i| \qquad (3-43)$$

$$E_{RMS} = \sqrt{\frac{1}{n} \sum_{i=1}^{n} |y_i - p_i|^2} \qquad (3-44)$$

$$E_{MAP} = \frac{1}{n} \sum_{i=1}^{n} \left| \frac{y_i - p_i}{p_i} \right| \times 100\% \qquad (3-45)$$

式中，y_i 为降水量的实际观测值；p_i 为基于神经网络模型的降水量预测值。

如表 3-5 所示，将 BPNN、TDNN 与 NARX 模型的降水量预测数据与降水量实际数据分别代入公式（3-43）、（3-44）、（3-45），获得各自模型对应的误差计算结果。通过对 BPNN、TDNN 与 NARX 三种神经网络模型的误差分析，可以发现 NARX 模型具有更好的预测精确度及更好的鲁棒性，更适合单序列降水量时间数据的自回归预测。由于降水量数据的变化具有一定的区域性特点[117]，本书研究区域中其他气象站点产生的降水量感知数据与 A4 区域的降水量数据具有一定的相似性特点，故本书选择基于 NARX 模型实现各气象站点未来年份降水量时间数据的自回归预测，并基于未来年份的降水量时间预测数据建模实现降水量的时空数据预测，进而通过多源异构数据协同模型预测出最终的 NDVI 时空数据。

表 3 - 5　基于神经网络的降水量自回归预测模型误差结果

神经网络类型	E_{MA}（mm）	E_{RMS}（mm）	E_{MAP}（%）
BPNN	19.07	23.80	29.27
TDNN	7.46	10.77	10.12
NARX	6.79	7.90	8.98

3.6　小结

本部分主要概述了人工神经网络的定义、发展、分类及特点，并详细介绍了基于大规模物联网的动态草畜平衡系统中所需要的神经网络类型，主要有典型的静态神经网络（如 BPNN）与动态神经网络（如 TDNN、NARX 模型）。本部分重点讲述了本书研究内容所要实现的第一个关键技术，即基于神经网络建模实现关键气象感知数据（降水量）的自回归预测，以获得未来年份的降水量时间数据。因此，本部分分别基于 BPNN、TDNN、NARX 建立模型实现未来年份降水量的自回归预测，通过比较三种神经网络的性能，确定 NARX 更适合用于建立降水量的自回归预测模型。

4 基于神经网络的多源异构时间数据协同模型

本部分主要讲述基于神经网络实现多源异构时间数据的协同方法，旨在实现本书中基于物联网的动态草畜平衡系统的第二个关键技术，即降水量与 NDVI 之间的协同映射。由于本书研究区域分为四种不同植被类型的草原地区（A1～A4），不同的植被类型意味着 NDVI 与降水量之间存在不同的延迟关系[118]，被称为"延迟效应"[119]，故研究降水量与 NDVI 之间的数据协同，需要考虑这种延迟效应，需要利用神经网络捕捉降水量与 NDVI 之间具体的延迟时间，这将有利于实现降水量与 NDVI 数据之间的精确协同。因此，本部分分别利用 BPNN、TDNN、NARX 三种神经网络，建立 A1～A4 研究区域的降水量与 NDVI 之间的数据协同模型，并通过比较三种神经网络模型的数据协同结果，捕捉出 A1～A4 区域 NDVI 与降水量之间的延迟时间，最终确定一种神经网络用于建模实现降水量与 NDVI 之间的数据协同。第 4 部分的组织结构如图 4-1 所示。

4.1 基于神经网络的多源异构数据协同方法

由于研究区域生长季植被变化与关键气象感知数据（降水量）之间具有紧密的相关性，故本书提出基于神经网络实现源自气象传感器与遥感卫星传感器的降水量数据与 NDVI 数据之间的协同。如图 4-2 所示，通过不同类型神经网络建模能够实现多源异构数据之间时空数据协同，进而实现用于表征本文研究区

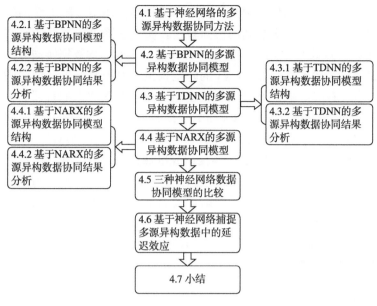

图 4-1 第 4 部分组织结构

域植被变化的 NDVI 数据的时空预测，并最终实现基于多源异构时空数据协同的动态草畜平衡系统。

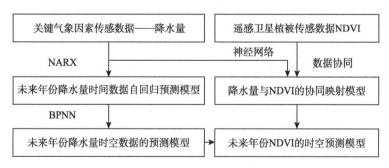

图 4-2 基于神经网络的数据协同方法

由于降水量数据具有观测数据量大、时间久、观测站点多的特点，经长期观测获得降水量感知数据能够以外部因素的形式准确地反映出植被生长长期变化的动态特性[108]。因此，本文将降水量数据作为中间数据，利用神经网络实现降水量的时间数据与空间数据之间的协同转换，实现对降水量数据的时空预测。如图 4-2 所示，基于神经网络的多源异构数据协同方法将最终实现未来年份 NDVI 的时空预测，但需要解决三个关键技术。首先，基于 NARX 模型实现降水量时间数据的自回归预测，即基于以往年份的降水量数据预测出未来年份的降水量时间数据；其次，基于静态神经网络 BPNN，利用气象站点的空间数据（经度、纬度、海拔），实现研究区域内任意空间观测区域降水量空间数据的预测；最后，基于一种神经网络实现降水量数据与 NDVI 数据之间的协同映射，进而基于降水量的时空预测数据，可协同获得未来年份的 NDVI 的时空数据。因此，基于神经网络实现降水量与 NDVI 之间的数据协同映射，是整个系统的关键技术之一。

4.2 基于 BPNN 的多源异构数据协同模型

本部分基于 BPNN 建模实现降水量-NDVI 的数据协同映射，通过调整 BPNN 模型的不同输入组合，可以反映出输入变量与输出变量存在的时间延迟关系，将为基于动态神经网络建模实现多源异构数据协同提供有价值的建模信息。

4.2.1 基于 BPNN 的多源异构数据协同模型结构

基于 BPNN 模型实现降水量与 NDVI 之间的数据协同，旨在实现基于降水量数据映射或预测出对应的 NDVI 数据，实现两种多源异构数据之间的协同转换。本文选择 2000—2012 年生长季降水量时间数据与 NDVI 时间数据作为 BPNN 模型的训练数据，2013—2015 年生长季的两种数据作为模型的验证数据。同理 3.2.1 中 BPNN 的建模方法，通过对降水量数据与 NDVI 数据的反复训练和验证，最终确定研究区域内 A1～A4 对应的 BPNN 模型最优结构。如图 4-3 所示，为 A1、A3 对应的最优

BPNN 模型，即输入为降水量时间数据 $P(t)$ 与 $P(t-1)$，输出为当年的 NDVI 数据 $I_N(t)$，隐藏层为 2 层（隐藏层节点数依次为 3、2）。如图 4-4 所示，为 A2、A4 对应的最优 BPNN 模型，即输入同样为降水量时间数据 $P(t)$ 与 $P(t-1)$，输出为当年的 NDVI 数据 $I_N(t)$，隐藏层为 1 层（节点数为 4）。因此，在用于降水量-NDVI 数据协同的最优 BPNN 模型中，当年的 NDVI 数据由当年及前一年的降水量数据决定。

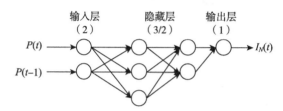

图 4-3　基于 BPNN 的降水量-NDVI 数据协同模型结构（A1、A3）

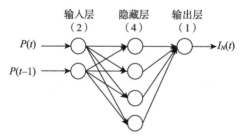

图 4-4　基于 BPNN 的降水量-NDVI 数据协同模型结构（A2、A4）

图 4-3 与图 4-4 中 BPNN 模型对应的公式表达式均为：

$$I_N(t) = f_{BPNN}[P(t), P(t-1)] \qquad (4-1)$$

式中，$P(t)$ 与 $I_N(t)$ 分别代表降水量与 NDVI 的值。

4.2.2　基于 BPNN 的多源异构数据协同结果分析

如图 4-5 所示，利用 A1～A4 对应的最优 BPNN 模型，可获得 A1～A4 地区对应的降水量-NDVI 数据协同结果。通过对基于 BPNN 模型映射出的 NDVI 预测数据与 NDVI 实际数据的比较，可以发现 BPNN 模型在 A4 区域具有更好的数据协同能力，而其余地区均存在较大误差或迟延的现象。

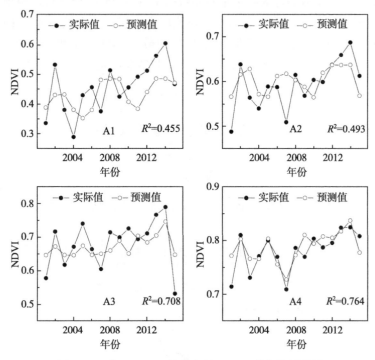

图 4-5　基于 BPNN 的降水量-NDVI 数据协同结果

为了评价基于神经网络的多源异构数据协同模型的预测误差、精确度、鲁棒性等性能，本部分同样选择平均绝对误差（E'_{MA}）、均方根误差（E'_{RMS}）、平均绝对百分比误差（E'_{MAP}）用于验证神经网络模型的性能[116]，其对应的公式分别如下所示：

$$E'_{MA} = \frac{1}{n} \sum_{i=1}^{n} |g_i - h_i| \qquad (4-2)$$

$$E'_{RMS} = \sqrt{\frac{1}{n} \sum_{i=1}^{n} |g_i - h_i|^2} \qquad (4-3)$$

$$E'_{\text{MAP}} = \frac{1}{n} \sum_{i=1}^{n} \left| \frac{g_i - h_i}{h_i} \right| \times 100\% \qquad (4-4)$$

式中，g_i 为 NDVI 的实际观测值；h_i 为基于神经网络模型的 NDVI 预测值。

根据式（4-2）、（4-3）、（4-4），可获得 A1～A4 区域中基于 BPNN 的降水量-NDVI 数据协同模型的误差结果（表 4-1），通过对比 BPNN 模型在 A1～A4 地区的误差结果，同样可以发现 A4 地区具有最好的性能，其他地区（A1～A3）存在较大误差，说明大部分地区的 NDVI 与降水量存在更加复杂的时间性关系，需要基于带有延时能力的动态神经网络实现更精确的降水量-NDVI 数据协同。

表 4-1　基于 BPNN 的降水量-NDVI 数据协同模型误差结果

误差参数	A1	A2	A3	A4
E'_{MA}（10^{-2}）	6.65	3.91	7.39	1.66
E'_{RMS}（10^{-2}）	8.17	4.09	8.00	1.95
E'_{MAP}（%）	13.72	6.42	10.85	2.08

4.3　基于 TDNN 的多源异构数据协同模型

TDNN 在多层前向型神经网络（如 BPNN）输入层加入了时间延迟单元，使得 TDNN 具有能够记忆之前输入数据的功能，并能够捕捉之前输入对当前输出的影响信息[120]。这与本书研究区域的降水量与 NDVI 之间的关系比较契合，即本书研究区域属于干旱半干旱草原地区，其当年的植被生长情况不仅与当年的降水量有关，还与以往年份的降水量相关。因此，本部分基于 TDNN 模型建模实现降水量-NDVI 之间的数据协同。

4.3.1　基于 TDNN 的多源异构数据协同模型结构

基于 TDNN 的降水量-NDVI 数据协同模型的训练数据与

BPNN 模型的相同，即选择 2000—2012 年的降水量数据和 NDVI 数据作为训练数据，2013—2015 年的数据作为测试数据。模型的训练方法同理于 3.2.1 中 BPNN 的建模方法，并通过测试不同的输入延迟时间，最终获得最优的 TDNN 模型结构。如图 4-6 所示，用于降水量-NDVI 数据协同的 TDNN 模型的输入为 $P(t)$，输出为当年的 NDVI 数据 $I_N(t)$，隐藏层为单层（节点数 6），输入层延时个数为 1，且该最优 TDNN 模型均适用于 A1～A4 区域，该最优 TDNN 模型对应的公式表达式为：

$$I_N(t) = f_{\text{TDNN}}[P(t), P(t-1)] \qquad (4-5)$$

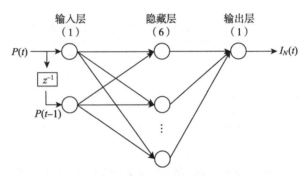

图 4-6　基于 TDNN 的降水量-NDVI 数据协同模型结构

4.3.2　基于 TDNN 的多源异构数据协同结果分析

利用 4.3.1 中数据训练获得的最优 TDNN 模型，可进行降水量数据与 NDVI 数据之间的数据协同映射，即实现基于降水量数据协同映射出对应的 NDVI 数据。本书研究的 A1～A4 区域中基于 TDNN 的降水量数据与 NDVI 数据之间的协同映射结果如图 4-7 所示，可见 A1～A4 区域的 NDVI 数据变化趋势能够被降水量数据所协同预测，其中 A1、A2、A4 区域对应的 TDNN 模型预测结果与实际值变化趋势基本一致。尽管在个别年份的 NDVI 数据预测中存在一定的误差，但 A1～A4 区域中基于 TDNN 模型的 NDVI 预测值与实际值之间的相关系数 R^2 均大于 0.82，这说明 TDNN 相比较于 BPNN 模型获得了更好的数据协同结果，基于 TDNN 模型能够实现降水量数据与 NDVI 数据之间的数据协同。

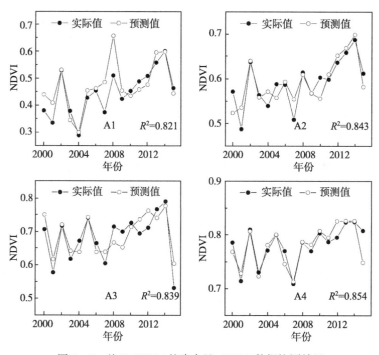

图 4-7 基于 TDNN 的降水量-NDVI 数据协同结果

根据式 (4-2)、(4-3)、(4-4)，可计算出 A1～A4 区域中基于 TDNN 的降水量-NDVI 数据协同模型的误差结果 (表 4-2)。分析误差结果可知，TDNN 模型具有较高的预测精确度和鲁棒性，能够准确地学习降水量数据与 NDVI 数据之间存在的动态时间性关系，并能精确捕捉之前年份降水量与当年 NDVI 之间存在的延迟性关系。如图 4-6 所示，由 A1～A4 区域对应的最优 TDNN 模型结构可得，输入延时时间为 1，故表征当年植被变化的 NDVI 数据与降水量数据存在 1 年的延迟，即当年的 NDVI 不仅与当年的降水量相关，还与前一年的降水量相关。这种 NDVI 与降水量之间的延迟效应能够被 TDNN 模型捕捉，故表明 TDNN 较 BPNN 更适合应用于降水量与 NDVI 之间的数据协同。

表 4-2　基于 TDNN 的降水量-NDVI 数据协同模型误差结果

误差参数	A1	A2	A3	A4
E'_{MA} (10^{-2})	2.44	1.56	4.1	2.04
E'_{RMS} (10^{-2})	2.74	1.73	4.57	3.01
E'_{MAP} （%）	4.87	2.5	5.92	2.63

4.4　基于 NARX 的多源异构数据协同模型

NARX 模型发展自前馈型神经网络，属于离散时间非线性神经网络，适合应用于单序列数据的自回归预测[113][114]，其算法处理与 BPNN 基本相同[122][123]，不同之处为在输入层添加有延时单元，并在输出层反馈至输入层添加有延迟单元，使得 NARX 模型当前的输出不仅与之前的输入相关，而且与之前的输出也相关[124][125]。因此，NARX 网络属于自回归神经网络，其输入部分包括外部输入与模型输出至输入端的反馈，从而能准确地反映时间序列数据的动态特性。

4.4.1　基于 NARX 的多源异构数据协同模型结构

基于 NARX 的降水量-NDVI 数据协同模型建模所用数据与 BPNN、TDNN 模型相同，即选择 2000—2015 年的降水量数据和 NDVI 数据中的 80% 作为训练数据，20% 的数据作为验证数据。模型的训练方法同理于 3.2.1 中 BPNN 的建模方法，通过测试不同的输入延迟时间、输出反馈延迟时间，最终获得最优的 NARX 模型结构。如图 4-8 所示，用于降水量-NDVI 数据协同的 NARX 模型的输入为 $P(t)$，由于 NARX 模型能够预测出下一时间序列的功能，故其输出为 NDVI 数据 $I_N(t+1)$[124]。该 NARX 模型的隐藏层为单层（节点数 33），输入层延时个数为 1，输出反馈至输入的延时个数为 3，且该最优 NARX 模型均适用于 A1～A4 区域。该最优 NARX 模型对应的公式表达式为：

$$I_N(t+1) = f_{\text{NARX}}[P(t), P(t-1); I_N(t), I_N(t-1), I_N(t-2)]$$
$$(4-6)$$

式中，$I_N(t), I_N(t-1), I_N(t-2)$ 为 NDVI 的时间序列。

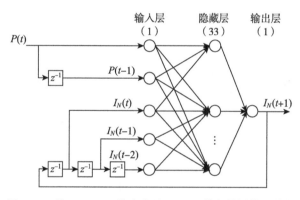

图 4-8 基于 NARX 的降水量-NDVI 数据协同模型结构

4.4.2 基于 NARX 的多源异构数据协同结果分析

基于 NARX 的降水量与 NDVI 数据协同模型，可实现降水量数据与 NDVI 数据之间的协同映射，该 NARX 模型在 A1～A4 区域中的数据协同结果如图 4-9 所示。由图可见，基于 NARX 模型协同预测获得的 NDVI 数据与实际 NDVI 数据的变化趋势基本一致，故 NARX 模型能够准确实现 A1～A4 四个区域的降水量数据与 NDVI 数据之间的协同映射，即实现基于降水量数据准确预测出对应的 NDVI 数据。图 4-9 中 A1～A4 地区对应 NDVI 预测数据与实际数据之间的相关系数依次为

0.975、0.941、0.982、0.948，这说明基于 NARX 建立的降水量 - NDVI 数据协同模型产生的预测结果均好于 BPNN 和 TDNN。NARX 的输入记忆与输出反馈记忆功能将有助于记忆降水量与 NDVI 之间动态交互的关系，进而实现 NARX 对降水量与 NDVI 之间动态交互关系的良好学习能力，准确建立降水量与 NDVI 之间协同映射模型，实现基于降水量数据获得与之对应的精确 NDVI 协同预测数据。

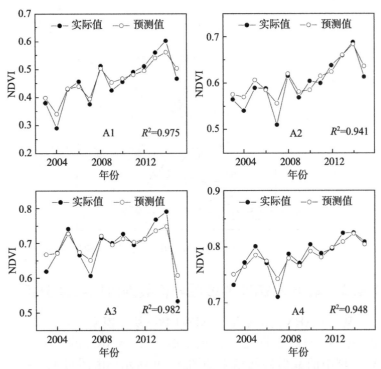

图 4-9　基于 NARX 模型的降水量- NDVI 数据协同结果

根据式（4-2）、（4-3）、（4-4），可得 A1～A4 区域中基于 NARX 的降水量- NDVI 数据协同模型的误差分析结果（表 4-3）。由表 4-3 中 E'_{MA}、E'_{RMS}、E'_{MAP} 三种误差参数的值可知，在 A1～A4 区域中 NARX 数据协同模型的误差均低于 BPNN、TDNN

模型，这说明基于 NARX 的降水量－NDVI 数据协同模型具有更好的精确度、鲁棒性及数据协同能力。

表 4－3　基于 NARX 的降水量－NDVI 数据协同模型误差结果

误差参数	A1	A2	A3	A4
E'_{MA} (10^{-2})	2.49	1.13	3.14	0.62
E'_{RMS} (10^{-2})	2.77	1.38	4.10	0.80
E'_{MAP} (%)	4.74	1.80	4.69	0.77

基于 NARX 的降水量－NDVI 数据协同模型的误差结果可以证明一点，本书所研究 A1～A4 区域的 NDVI 变化不仅与当年、之前年份的降水量相关，也与之前年份的 NDVI 相关，即本书研究区域的降水量与 NDVI 之间存在一种特殊的动态时间性关系。此外，根据 NARX 模型的预测结果可以发现，NARX 模型的输入延迟单元和输出反馈延迟单元能够精确地捕捉到降水量与NDVI 之间这一特殊的动态时间性关系，并基于两种延迟时间的设置实现利用 NARX 模型的降水量数据与 NDVI 数据之间的精确协同。

4.5　三种神经网络数据协同模型的比较

本部分主要比较利用 BPNN、TDNN、NARX 三种神经网络构建的降水量－NDVI 时间数据协同模型的性能，将三种神经网络对应的 E'_{MA}、E'_{RMS}、E'_{MAP} 三种误差参数图形化（图 4－10），便于直观比较三种模型的数据协同能力。根据图 4－10 中对BPNN、TDNN、NARX 三种神经网络数据协同模型的性能分析与比较结果，可发现具有时间延迟能力的动态神经网络（如TDNN、NARX）比静态神经网络（如 BPNN）具有更好的数据协同能力。此外，对 TDNN 与 NARX 模型进行数据协同能力的比较，可总结获得以下结论：

（1）TDNN 与 NARX 模型在 A1（相对干旱的典型草原地

区）具有几乎相同的多源异构数据协同能力，这说明在相对更加干旱的典型草原区域 A1，当年植被的变化（由 NDVI 表征）主要与当年、之前年份的降水量紧密相关，而与之前年份的植被条件相关性较小，且 TDNN 与 NARX 均适用于类似于 A1 的干旱草原区域。

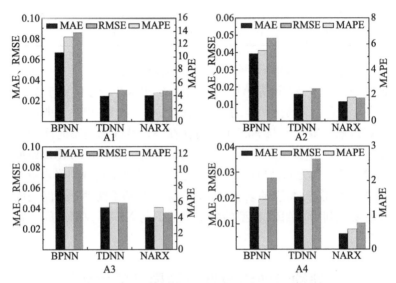

图 4 - 10　基于三种神经网络的降水量- NDVI 数据协同模型的性能比较

（2）相比较于 TDNN，NARX 模型在其余的 A2～A4 区域均有更好的表现，这表明在降水量数据与 NDVI 数据之间的多源异构数据协同能力方面，NARX 模型比 TDNN 模型具有更好的鲁棒性。此外，NARX 与 TDNN 的误差比较结果还说明在植被条件相对较好的 A2～A4 区域，当年植被的变化不仅与当年、之前年份的降水量紧密相关，还与之前年份的植被条件亦紧密相关。

总之，通过对 BPNN、TDNN、NARX 三种数据协同模型的结构及数据协同结果的分析，可知带有输入延迟与输出反馈延迟的动态神经网络 NARX 模型更适合降水量数据与 NDVI 数据之间的协同，这与实际中大部分干旱半干旱地区植被与降水量之间的关系相一致，即当年生长季植被的变化不仅与当年、之前年份的降水量相关，也与之前年份的植被条件相关。因此，本文提出的 NARX 模型能够精确地捕捉降水量与植被变化之间动态交互的时间性关系，故本书选择利用 NARX 模型实现降水量与 NDVI 之间的数据协同。

4.6 基于神经网络捕捉多源异构数据中的延迟效应

根据文献[108][110]，可知干旱半干旱草原地区降水量与 NDVI 之间存在明显的延迟效应，即当年的 NDVI 不仅与当年、以往年份的降水量相关，还与以往年份的植被条件相关。因此，捕捉降水量数据与 NDVI 数据之间存在的延迟效应及其对应的具体延迟时间，不仅需要捕捉当年 NDVI 与以往年份降水量之间的延迟时间，而且还要捕捉当年 NDVI 与以往年份的 NDVI 之间的延迟时间。

通过比较 BPNN、TDNN、NARX 三种神经网络应用于降水量-NDVI 数据协同时模型的性能，可知带有延时单元的 TDNN 与 NARX 具有更好的数据协同能力，尤其 NARX 不仅在模型的输入端设有延时单元，还在模型的输出反馈至输入端设有延时单元，故其所建立的降水量-NDVI 数据协同模型在 A1～A4 研究区域均具有最好的性能（图 4-10）。除此之外，NARX 模型的结构能够准确表征 NDVI 与降水量之间的延迟效应（图 4-8），即基于 NARX 模型能够准确表征输出端变量 NDVI 与输入端变量降水量之间存在的延迟关系[126]。

根据图 4-8 所示，作为一种常用的递归神经网络（RNN），基于 NARX 模型结构中输入端 $[P(t)]$、输出端 $[I_N(t+1)]$ 延迟时间的设置可知（图 4-8），如输入层延时个数为 1 [即降水量输入端输入为 $P(t)$、$P(t-1)$]，输出反馈至输入的延时个数为 3 [即相对于 I_N（$t+1$）而言，输入考虑了 I_N（t）、I_N（$t-1$）、I_N（$t-2$）]，故对于当年的 NDVI [I_N（t）] 而言，存在两种延迟时间，即对于以往年份的降水量而言延迟时间为 1（年）[P（$t-1$）]，对于以往年份的 NDVI 而言延迟时间为 2（年）[I_N（$t-1$）、I_N（$t-2$）]。这一结论与本书研究区域的实际情况是相符的，如本书研究区域前一年的夏季早期（5—6 月）降水往往控制着植被的发芽率，这会影响前一年对应植被的生长情况及种子（8 月）的增加或减少，进而影响到下一年的植被的产量，即当年的 NDVI 与前一年的降水量亦存在相关性；另外，本书研究区域内植被类型多为多年生植物，如羊草、克氏针茅、大针茅等[127]，多年生植物意味着第一年主要进行营养生长，第二年进入生殖生长（开花、结果），而结果的多少将影响下一年的植被变化（如发芽率），故导致本书研究区域当年的 NDVI 与前两年的 NDVI 存在相关性[128]，即存在当年 NDVI 与之前年份 NDVI 之间 2 年的延迟时间。

本书研究区域植被类型及其与降水量存在的时间性关系，证明具有前后延时记忆功能的 NARX 模型能够准确捕捉降水量-NDVI 数据之间的延迟效应，并基于准确的延迟时间设置实现最优结构的 NARX 模型，从而精确实现降水量与 NDVI 之间的数据协同。

4.7　小结

本部分分别利用 BPNN、TDNN、NARX 建立降水量-NDVI 时间数据协同模型，通过比较三种神经网络的数据协同效果及能力，获得两个重要的结论：第一，对于相对干旱的典型草原区域 A1，TDNN、NARX 模型均比 BPNN 模型的性能优越，且两种动态神经网络在 A1 区域具有几乎相同的性能，这说明TDNN、NARX 均适合用于相对干旱的草原区域中降水量与NDVI 之间的数据协同；第二，对于植被条件略好于 A1 的A2～

A4 区域，NARX 模型相比较于 BPNN、TDNN 模型具有更好的
降水量－NDVI 数据协同能力和鲁棒性，这说明本书研究的大部
分区域中的当年植被变化数据 NDVI 不仅与当年、之前年份的
降水量数据相关，还与之前年份的 NDVI 相关，故本部分提出
利用 NARX 捕捉 NDVI 与降水量及 NDVI 本身之间存在的延迟
效应，并基于 NARX 的最优模型结构，捕捉出当年 NDVI 与降
水量之间存在的延迟时间，以及当年 NDVI 与之前年份 NDVI
之间存在的延迟时间。因此，通过比较基于 BPNN、TDNN、
NARX 三种神经网络的数据协同模型的性能，确定 NARX 模型
用于本书研究中的降水量与 NDVI 之间的时间数据协同。

5 基于混合神经网络的多源异构时空数据协同方法

本部分主要讲述基于混合神经网络的多源异构时间-空间数据之间的协同模型，其将用于实现本书基于大规模物联网的动态草畜平衡系统的核心关键技术，即基于多源异构数据之间的协同模型预测出未来年份 NDVI 的时空数据。首先，本部分介绍基于混合神经网络的多源异构数据协同方法，主要介绍基于混合神经网络实现 NDVI 时空预测的方法、整体模型设计流程及模型构成。其次，概述基于 NARX 建立降水量时间数据自回归预测模型的方法，即基于多个气象站点感知的降水量时间数据，利用 NARX 建立多个气象站点对应的降水量自回归预测模型，预测出未来年份多个气象站点的降水量时间数据。再次，概述基于 BPNN 建立的降水量时间数据与降水量空间数据协同转换模型的方法，即基于多个气象站点的经度、纬度、海拔等数据，利用 BPNN 建立未来年份降水量的时间-空间数据协同转换模型，预测出未来年份降水量时空数据。最后，概述基于 NARX 建立降水量数据与 NDVI 数据之间的协同映射模型的方法，即实现利用降水量时空数据映射出对应的 NDVI 时空数据，最终实现基于混合神经网络模型（NARX-BPNN-NARX，NBN）预测出未来年份 NDVI 的时空数据，建立基于大规模物联网的动态草畜系统。第 5 部分的组织结构如图 5-1所示。

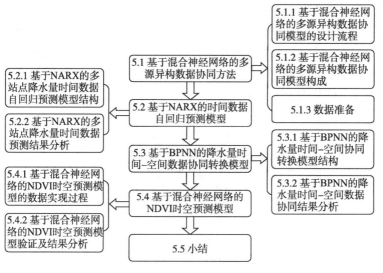

图 5-1　第 5 部分组织结构

5.1　基于混合神经网络的多源异构数据协同方法

5.1.1　基于混合神经网络的多源异构数据协同模型的设计流程

精确预测未来年份 NDVI 的时空数据是本书研究的核心关键技术，然而 NDVI 的历史观测数据相对气象数据而言存在数据量少的问题[129][130]，少量的 NDVI 数据不足以精确表征出研究区域的历史植被变化的特点[131][132]。因此，基于研究区域内生长季降水量与植被变化之间的紧密相关性[133]-[135]，本书基于降水量长序列数据和 NDVI 数据，利用多种类型混合神经网络实现多源异构数据之间的精确协同，本书中的数据协同包括降水量时间数据与空间数据协同转换，降水量数据与 NDVI 数据之间的协同映射。如图 5-2 所示，为基于混合神经网络的多源异构数据协同模型的设计流程，旨在利用基于混合神经网络 NBN 的多源异构数据协同模型预测出未来年份的 NDVI 时空数据[136]。该混合神经网络模型以表征时空变化的变量时间、经度、纬度、海拔作为输入，以降水量长序列数据将作为中间变量，以 NDVI 作为模型的输出，通过 NDVI 与降水量之间的数据协同，最终实现 NDVI 的时空预测。

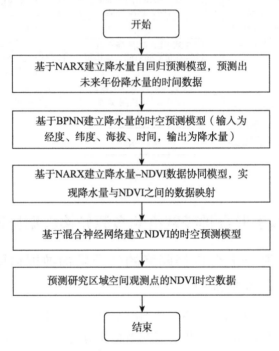

图 5 - 2　基于混合神经网络的多源异构数据协同模型的设计流程

5.1.2　基于混合神经网络的多源异构数据协同模型构成

如图 5 - 3 所示，本书基于混合神经网络 NBN 建立多源异构数据协同的整体模型，该模型主要包含三个部分，即基于 NARX 建立的降水量自回归预测模型，基于 BPNN 建立的降水量时间-空间数据协同转换模型，基于 NARX 建立的降水量-

NDVI数据协同映射模型。基于混合神经网络NBN实现的多源异构时空数据协同，其输入为经度、纬度、海拔、时间（年），输出为未来年份NDVI的时空数据，通过整体模型内部多个混合神经网络的建模，该模型能够预测出未来年份降水量的时间数据，并将未来年份降水量的时间数据协同转换为未来年份降水量空间数据，最后基于降水量数据与NDVI数据的协同映射模型，预测出未来年份NDVI的时空数据。

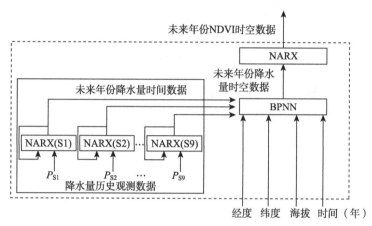

图5-3　基于混合神经网络的多源异构数据协同模型构成

5.1.3　数据准备

彩图1所示为研究区域内气象站点分布（如S1～S9），这些气象站点均能够感知出与自身经度、纬度、海拔、时间等站点位置属性相关的降水量数据。此外，A1～A4区域对应的降水量数据由当地气象部门提供，用于建立与A1～A4区域对应的NDVI数据之间的协同模型。为了进一步验证本书提出用于预测NDVI时空数据的多源异构数据协同模型的性能，本书将研究区域A1～A4整体分割为28个空间观测样本区域（50km×50km方格区域）（彩图3），并以28个空间观测样本区域的中心对应的经度、纬度、海拔及时间（用来指定数据对应的年份）作为整体模型的输入，利用本书提出的基于混合神经网络的 NDVI 时空预测模型预测出未来年份 28 个空间观测样本区域对应的 NDVI 时空数据。

5.2 基于 NARX 的时间数据自回归预测模型

对于 NDVI 的时空预测模型而言，未来年份的时间数据需要通过基于长序列降水量数据建模预测获得。因此，本部分将基于多个气象站点感知的大量降水量数据，利用 NARX 建模预测出多个气象站点的未来年份降水量时间数据。

5.2.1 基于 NARX 的多站点降水量时间数据自回归预测模型结构

如图 5-4 所示，预测降水量的 NARX 模型具有一个递归神经网络的结构，其输入由两部分迟延单元组成（z^{-1} 代表延迟单元），一个延迟单元位于输入 $P_i(n)$ 之后，另一个来自输出 $P_o(n+1)$ 的反馈延迟[137]。预测降水量的 NARX 模型仅拥有一个外部输入端口 $[P_i(n)$ 输入端]，故形成降水量数据的自变量回归模型，以预测未来年份降水量数据，通过该模型可实现单步或多步的降水量时间序列预测[138]。

由图 5-4 可得，基于 NARX 的降水量自回归预测模型的计算公式如下：

$$P_o(n+1) = f_{\text{NARX}}[P_i(n), P_i(n-1), \cdots, P_i(n-d_i+1),$$
$$P_o(n), P_o(n-1), \cdots, P_o(n-d_o+1)]$$

$$(5-1)$$

式中，$P_i(n)$ 与 $P_o(n+1)$ 分别代表当前年份的降水量与被预测年份即下一年份的降水量；n 代表时间序列的索引（$n=1, 2, 3, \cdots$）；d_i 与 d_o 分别代表输入延迟和输出反馈延迟；$f_{\text{NARX}}(\cdot)$ 是 NARX 神经网络的映射函数。

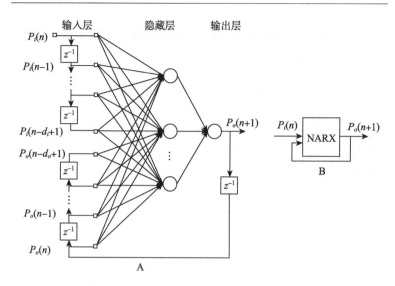

图 5-4 NARX 模型的递归神经网络结构
A. 基于 NARX 的降水量自回归预测模型结构 B. 基于 NARX 的降水量自
回归预测模型的模块图

根据图 5-4 所示，利用 S1～S9 共计 9 个气象站点的降水量数据（如 2009 年之前的降水量年生长季数据），分别可训练 9 个 NARX 模型［NARX（S1）～NARX（S9）］。在训练、测试两个阶段将 S1～S9 站点各自的数据按照 80% 与 20% 的比例进行随机分配，通过反复训练、优化，获得 9 个与 S1～S9 气象站点对应的 NARX 模型的最佳结构，如表 5-1 所示，为 9 个 NARX 模型的结构设置（包含延迟时间个数、单层隐藏层节点数）。

表 5-1 基于 NARX 的降水量预测模型的最优结构参数

模型参数	NARX (S1)	NARX (S2)	NARX (S3)	NARX (S4)	NARX (S5)	NARX (S6)	NARX (S7)	NARX (S8)	NARX (S9)
d_i	9	9	9	8	9	9	9	9	8
d_o	2	2	3	4	3	2	3	3	4
h^*	44	44	44	44	44	44	44	44	46

注：h^* 代表隐藏层节点数。

5.2.2　基于 NARX 的多站点降水量时间数据预测结果分析

按照表 5-1 中所示的 S1～S9 站点最优 NARX 模型的结构参数，可设置 9 个气象站点的降水量自回归预测模型 NARX（S1）～NARX（S9）。基于 NARX（S1）～NARX（S9）能够分别获得 S1～S9 站点的降水量预测数据。如图 5-5 所示，为 9 个站点的降水量预测数据与实际观测数据的比较结果。此外，选择平均绝对误差（E_{MA}）、均方根误差（E_{RMS}）、平均绝对百分比误差（E_{MAP}）［参考式（4-6）、（4-7）、（4-8）］及相关系数 R^2 用于计算和分析该 9 个 NARX 模型的误差及相关性（表 5-2）。

通过比较 S1～S9 气象站点降水量预测数据与实际数据（图 5-5），可知 9 个 NARX 模型均能够准确地预测出对应站点的降水量变化趋势及降水量的峰谷值。因此，基于 NARX 建立的降水量自回归预测模型能够通过学习以往降水量数据的变化特点，训练出与所属站点降水量数据变化特点相一致的预测模型，该模型不仅能够预测出降水量的变化趋势，还能对极端降水量（峰值、谷值）出现的年份进行准确的预测，这对于干旱半干旱草原地区而言尤为关键，能够有效减少甚至避免因出现极端降雨（生长季出现极端干旱或洪涝灾害）而导致的植被退化，并有效减少因出现极端降水现象而导致的畜牧业损失。

表 5-2 所示为基于 NARX 的 S1～S9 气象站点降水量预测模型的误差计算结果，可见 9 个用于降水量自回归预测的 NARX 模型对应的误差参数均较低，这说明 9 个 NARX 模型均可以成功地预测未来年份的降水量，并且基于 NARX 所建的降水量自回归预测模型具有较好的可靠性和鲁棒性。此外，9 个 NARX 模型对应的预测结果与实际值之间的相关性系数均大于 0.93，证明 9 个 NARX 模型具有较高的预测精度。

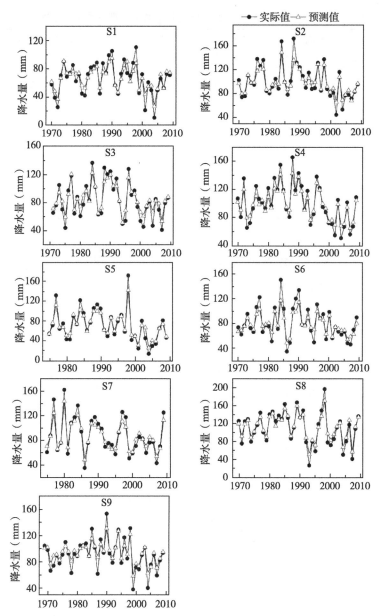

图 5-5 基于 NARX 的降水量自回归预测模型预测数据与实际数据的比较

表 5 - 2　基于 NARX 神经网络的降水量预测模型的误差分析

误差 参数	NARX (S1)	NARX (S2)	NARX (S3)	NARX (S4)	NARX (S5)	NARX (S6)	NARX (S7)	NARX (S8)	NARX (S9)
E_{MA} (mm)	3.06	2.88	5.59	6.21	5.17	7.55	7.61	8.00	4.46
E_{RMS} (mm)	3.57	3.81	7.07	6.45	6.44	8.38	8.57	9.37	5.75
E_{MAP} (%)	4.68	3.75	10.01	8.64	13.31	12.95	10.77	12.22	6.42
R^2 (10^{-1})	9.37	9.64	9.67	9.80	9.81	9.68	9.79	9.88	9.64

5.3　基于 BPNN 的降水量时间-空间数据协同转换模型

按照 5.1.2 中基于混合神经网络的时间-空间数据协同模型构成方式可知，基于 5.2 中的 9 个 NARX 模型能够获得 9 个气象站点（S1～S9）未来年份的降水量时间数据（如 2010、2011、2012 年预测数据）（表 5 - 3），以及结合 2.2.1 中表 2 - 1 显示的 S1～S9 站点的经度、纬度、海拔、时间（年）与降水量时间数据进行建模，能够预测出未来年份降水量的空间数据，即本书提出基于 BPNN 建立降水量时间数据与空间数据之间的协同转换模型。

表 5 - 3　基于 NARX 神经网络的 S1～S9 站点降水量预测数据

（2010—2012 年）

年份	S1	S2	S3	S4	S5	S6	S7	S8	S9
2010	64.50	72.73	77.18	68.23	46.53	59.67	74.73	100.4	72.24
2011	73.22	115.41	73.47	101.38	51.59	83.48	77.83	104.78	102.39
2012	79.83	111.82	79.09	102.10	66.07	78.68	90.79	113.18	125.30

注：降水量单位为 mm。

5.3.1 基于 BPNN 的降水量时间-空间协同转换模型结构

如图 5-6 所示,基于 BPNN 建立的降水量时间-空间数据协同转换模型中,选择将经度、纬度、海拔、时间作为输入变量,降水量空间数据作为输出变量。基于 BPNN 建立的降水量时空数据协同转换模型对应的公式表达式如下:

$$P(t) = f_{\text{BPNN}}(x_{\text{lat}}, x_{\text{lon}}, x_{\text{ele}}, t) \qquad (5-2)$$

式中,$P(t)$ 代表降水量空间预测值;x_{lat},x_{lon},x_{ele} 及 t 分别代表经度、纬度、海拔及时间(年);f_{BPNN}(・)代表 BPNN 的非线性映射函数。

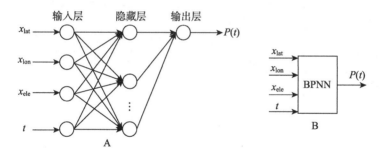

图 5-6 基于 BPNN 建立的降水量时间-空间数据协同转换模型
A. 基于 BPNN 的降水量时空数据协同转换模型 B. 基于 BPNN 的降水量
时空数据协同转换模型模块图

基于降水量自回归预测模型 NARX(S1)~NARX(S9)预测出的降水量数据(表 5-3),获得本部分用于降水量时间-空间数据协同转换的 BPNN 模型的训练数据,该 BPNN 模型的建模方法同理于 4.2.1 中 BPNN 模型的建模方法。将 S1~S9 站点的降水量预测数据(如 2010 年、2011 年、2012 年),分别按照 80% 与 20% 的比例划分为模型的训练与测试数据,可以获得 2010 年、2011 年、2012 年对应的最优 BPNN 模型结构,即用于降水量时间-空间数据协同转换的 BPNN 模型最优结构,其隐藏层为单层（含 8 个节点）。

5.3.2 基于 BPNN 的降水量时间-空间数据协同结果分析

如图 5-7 所示，基于 S1～S9 站点的空间信息（经度、纬度、海拔），利用最优 BPNN 模型结构可预测出 9 个站点对应的降水量时空预测数据。该 BPNN 模型以 S1～S9 空间信息及所预测时间（年）为模型输入，通过基于 BPNN 模型中的数据学习、训练、验证，按照对应年份获得与气象站点位置数据对应的降水量数据。

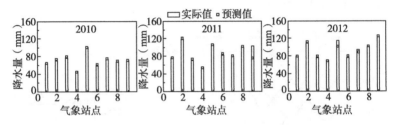

图 5-7 基于 BPNN 的降水量时间-空间数据协同结果
（横轴数字依次代表气象站点 S1～S9）

通过分析图 5-7 中 9 个站点降水量时空预测数据与实际数据的比较结果，可知 BPNN 模型能够出色地完成 S1～S9 站点空间信息与降水量时空数据之间的映射建模，这说明本书研究区域每年生长季的降水量与空间位置具有紧密的相关性，尽管在个别年份的个别站点（如 2011 年的 S9 站点、2012 年的 S5 站点）出现比较明显的预测误差，但绝大部分站点的降水量时空数据能够被 BPNN 模型准确预测。

如表 5-4 所示，基于平均绝对误差 E_{MA}、均方根误差 E_{RMS}、平均绝对百分比误差 E_{MAP} 及相关系数 R^2 的计算结果，进一步证明 BPNN 模型适合应用于本书研究区域的降水量时间-空间数据的协同，且 BPNN 模型具有较高的精确度与鲁棒性。因此，

BPNN 模型的预测结果证明该地区的生长季降水量与空间位置信息具有紧密的相关性，且该相关性具有一定的弱非线性的特点，而这种相关性的关系能够被 BPNN 模型准确学习，进而实现降水量时间-空间数据之间的协同转换。因此，基于未来年份 S1～S9 站点的降水量时间数据，利用 BPNN 模型可以预测出研究区域内任意空间观测样本区域的降水量时空数据。

表 5-4　基于 BPNN 的降水量时空预测模型的误差分析

误差参数	2010	2011	2012
E_{MA}（mm）	1.20	4.16	2.00
E_{RMS}（mm）	1.43	9.60	4.49
E_{MAP}（%）	1.91	4.24	1.90
R^2（10^{-1}）	9.95	8.87	9.76

5.4　基于混合神经网络的 NDVI 时空预测模型

本文在 4.2、4.3、4.4 中分别基于 BPNN、TDNN、NARX 建模实现多源异构数据即降水量数据与 NDVI 数据之间的协同，通过比较三种神经网络的数据协同能力，确定 NARX 具有更好的多源异构数据协同能力，基于 NARX 模型能够准确地实现本文研究区域（A1～A4）中降水量与 NDVI 之间的数据协同。因此，结合 5.2、5.3 中的 NARX 模型与 BPNN 模型，本部分将介绍基于混合神经网络 NBN 的 NDVI 时空预测模型。

5.4.1　基于混合神经网络的 NDVI 时空预测模型的数据实现过程

如图 5-8 所示，本书基于混合神经网络 NBN 模型预测出未来年份 NDVI 的时空数据的实现过程。首先，通过 S1～S9 气象站点对应的 9 个 NARX 模型［NARX（S1）～NARX（S9）］可预测获得未来年份降水量的时间数据。其次，基于 NARX（S1）～

NARX（S9）预测获得的未来年份降水量时间数据，结合研究区域内空间位置变量［经度、纬度、海拔、时间（年）］，利用BPNN 模型实现降水量时间-空间数据协同转换，预测出未来年份降水量的时空数据；最后，利用 A1～A4 区域对应降水量数据与 NDVI 数据之间的 NARX 协同模型，实现基于降水量时空数据与 NDVI 数据之间的协同映射，进而利用未来年份降水量的时空预测数据获得未来年份 NDVI 的时空数据。

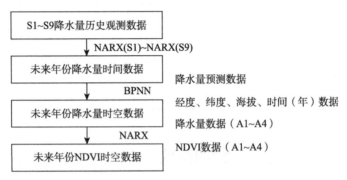

图 5-8　基于混合神经网络的 NDVI 时空预测模型的数据实现过程

5.4.2　基于混合神经网络的 NDVI 时空预测模型验证及结果分析

为了验证基于混合神经网络 NBN 的 NDVI 时空预测模型，本书以彩图 3 中的 28 个空间观测样本区域的 NDVI 实际值为模型验证数据，整体 NDVI 时空预测模型的具体验证流程如图 5-9 所示。

首先，利用图 5-9 中基于混合神经网络 NBN 模型的 NDVI 时空预测模型预测出 28 个空间观测样本区域 NDVI 的时空数据（如 2013—2015 年的 NDVI 时空数据），并与 28 个空间观测样本区域对应的 2013—2015 年 NDVI 实际数据进行比较。

其次，根据已有 2000/02—2015/12 期间 NDVI 数据，本书选择 2013—2015 年生长季 NDVI 数据作为整体模型的验证数据，即基于 Arcgis 软件获取 1～28 空间观测样本区域的 NDVI 实际

图5-9 基于混合神经网络的NDVI时空预测模型的验证流程

观测数据，用于与基于混合神经网络 NBN 模型获取的 NDVI 时空预测数据进行比较。根据式（4-2）、（4-3）、（4-4），利用平均绝对误差（E'_{MA}）、均方根误差（E'_{RMS}）、平均绝对百分比误差（E'_{MAP}）验证用于 NDVI 时空预测的混合神经网络 NBN 模型的性能，通过对混合神经网络 NBN 模型进行误差分析，获得该混合模型预测 NDVI 时空数据的性能。

按照图5-9中基于混合神经网络 NBN 的 NDVI 时空预测模型的验证流程，可按照以下步骤实现 NDVI 时空预测模型的验证，具体步骤及对应的验证结果如下：选取 2000/2—2015/12 期间 NDVI 数据作为建模及验证数据，为了验证整体模型预测 NDVI 时空变化的准确性，本书基于5.3中降水量时空预测（如 2010—2012 年）基础上，预测出 2013—2015 年生长季降水量的时空数据。

（1）基于 NARX 的降水量自回归预测模型预测出 S1～S9 站点对应的 2013—2015 年的时间数据（表 5－5）。

表 5－5　基于 NARX 神经网络的 S1～S9 站点降水量预测数据

（2013—2015 年）

年份	S1	S2	S3	S4	S5	S6	S7	S8	S9
2013	110.81	121.41	133.51	84.00	112.91	123.21	115.28	126.17	110.71
2014	60.54	95.37	103.78	126.53	81.97	95.22	93.96	83.91	125.36
2015	51.84	74.16	72.78	94.37	48.18	74.12	79.03	125.00	136.32

注：降水量单位为 mm。

（2）通过 Google Earth 在线对 1～28 空间观测区域空间属性的查询，获得 1～28 空间观测区域中心对应的经度、纬度、海拔数据（表 5－6）。

表 5－6　用于验证 NDVI 时空预测模型的空间观测样本区域属性

样本区域	经度（°）	纬度（°）	海拔（m）	所属区域	样本区域	经度（°）	纬度（°）	海拔（m）	所属区域
1	118.75	49.75	631	A3	15	118.75	48.75	702	A2
2	119.25	49.75	629	A3	16	119.25	48.75	674	A4
3	119.75	49.75	716	A3	17	119.75	48.75	691	A4
4	120.25	49.75	812	A3	18	120.25	48.75	814	A4
5	116.75	49.25	727	A1	19	116.75	48.25	643	A1
6	118.25	49.25	597	A2	20	116.75	48.25	562	A1
7	118.75	49.25	585	A3	21	117.75	48.25	603	A1
8	119.25	49.25	628	A3	22	117.75	48.25	585	A2
9	119.75	49.25	632	A3	23	118.25	48.25	648	A2
10	120.25	49.25	716	A3	24	118.75	48.25	739	A2
11	116.25	48.75	735	A1	25	119.25	48.25	734	A4
12	116.75	48.75	604	A1	26	119.75	48.25	819	A4
13	117.75	48.75	557	A2	27	120.25	48.25	959	A4
14	118.25	48.75	600	A2	28	119.75	47.75	1039	A2

（**3**）利用 BPNN 模型获得 2013—2015 年降水量时间-空间数据的协同转换结果，其结构与 5.3.1 中 BPNN 模型相同。具体为将表 5-6 所示的 1～28 空间观测区域空间属性数据结合时间（年）数据输入用于 2013—2015 年降水量时间-空间数据的协同转换的 BPNN 模型中，获得 1～28 观测样本区域对应的 2013—2015 年的降水量时空数据（表 5-7）。

表 5-7　基于 BPNN 的降水量时空预测数据（mm）

样本区域	2013	2014	2015	样本区域	2013	2014	2015
1	123.27	99.5	63.88	15	121.62	90.08	57.9
2	124	101.39	68.47	16	122.31	88.35	64.47
3	108.97	102.52	71.87	17	117.74	88.17	71.69
4	85.8	110.29	80.13	18	97.8	92.94	90.66
5	114.15	84.64	50.52	19	100.81	86.9	47.75
6	118.47	91	57.55	20	97.49	87.34	47.45
7	124.02	92.2	61.48	21	101.57	86.47	47.64
8	125.02	95.47	66.28	22	104.17	85.51	50.83
9	125.26	95.6	71.12	23	113.28	82.72	51.15
10	105.05	95.56	78.58	24	114.46	81.1	57.14
11	107.22	84.65	53.71	25	113.47	80.12	63.96
12	99.47	87.07	46.99	26	101.97	86.34	82.54
13	105.52	87.76	54.42	27	95.6	131.46	117.43
14	113.74	87.72	55.3	28	96.15	147.72	133.2

（**4**）将步骤（3）中的 1～28 空间观测样本区域的降水量时空预测数据，代入 4.4.1 中用于降水量与 NDVI 之间数据协同的 NARX 模型（A1～A4），获得 2013—2015 年 1～28 空间观测样本区域对应的 NDVI 时空预测数据，并将其与 1～28 空

间观测样本区域对应的 NDVI 实际观测值进行比较，其比较结果如图 5 - 10 所示。

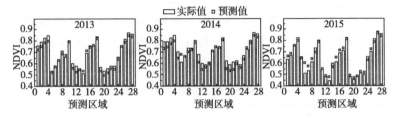

图 5 - 10　基于混合神经网络的 NDVI 时空预测模型的预测结果
（2013—2015）

由图 5 - 10 可知，本书研究区域 2013—2015 年 1～28 空间观测样本区域的 NDVI 变化趋势能够被本书提出的模型准确预测，这说明基于混合神经网络 NBN 的 NDVI 时空预测模型能够准确预测出研究区域的 NDVI 时空变化。此外，基于混合神经网络的 NDVI 时空预测模型的误差，以及模型预测数据与实际观测数据之间的相关系数计算结果如表 5 - 8 所示。通过分析 NDVI 时空预测模型的误差及相关系数，可知本书提出的基于混合神经网络 NBN 的 NDVI 时空预测模型具有较高的精确度及较好的鲁棒性，结果证明在本书研究区域中基于生长季降水量与 NDVI 之间的紧密相关性，利用混合神经网络 NBN 模型可以准确实现降水量与 NDVI 时空数据的协同，即基于降水量这一中间变量的时空预测数据，可以准确协同预测出未来年份 NDVI 的时空数据。

表 5 - 8　基于混合神经网络的 NDVI 时空预测模型的误差分析

误差参数	2013	2014	2015
E_{MA}（10^{-2}）	6.97	6.56	7.80
E_{RMS}（10^{-2}）	8.30	7.00	8.89
E_{MAP}（%）	11.14	9.27	14.35
R^2（10^{-1}）	9.85	9.56	9.83

5.5 小结

本部分主要介绍了基于混合神经网络 NBN 模型的多源异构时空数据协同方法，并基于该协同模型预测出未来年份 NDVI 的时空数据。因此，本部分重点讲述了基于混合神经网络 NBN 的 NDVI 时空预测的三个关键技术。第一，基于 NARX 模型实现降水量的自回归预测，预测出未来年份的降水量时间数据；第二，基于静态神经网络 BPNN 将降水量时间预测数据转换为降水量时空数据；第三，基于动态神经网络 NARX 模型实现降水量-NDVI 数据的协同，进而预测出未来年份 NDVI 的时空数据。此外，本部分对基于混合神经网络 NBN 实现的 NDVI 时空预测模型进行了详细的实测数据验证和分析，选取本书研究区域所覆盖的 28 个空间观测样本区域，利用本书提出的混合神经网络 NBN 模型预测出 28 个空间观测样本区域的 NDVI 时空数据，并与 28 个空间观测样本区域的 NDVI 实际观测数据进行比较及误差分析，结果证明本书提出的基于混合神经网络 NBN 的 ND-VI 时空预测模型，可以准确地预测出研究区域内的 NDVI 时空数据。

6 基于多源异构数据协同的 动态草畜平衡系统

　　本部分主要讲述基于多源异构数据协同的动态草畜平衡系统实现方法，利用混合神经网络 NBN 模型预测出研究区域中 1～28 空间观测样本区域的 NDVI 时空变化数据。鉴于本书中已有的 NDVI 实际观测数据为 2000—2015 年合成数据，故本部分基于混合神经网络 NBN 模型预测出 2016—2021 年 NDVI 的时空数据。首先，基于用于降水量自回归预测的 NARX 模型预测出 S1～S9 气象站点 2016—2020 年的降水量时间数据；其次，基于 BPNN 模型将 2016—2020 时间数据转换为降水量时空数据，并将 1～28 个空间观测样本区域的经度、纬度、海拔、时间（年）数据输入 BPNN 模型，获得 2016—2020 年 1～28 空间观测样本区域的降水量时空数据；再次，将 1～28 空间观测样本区域的降水量时空数据代入用于降水量‐NDVI 数据协同的 NARX 模型，将降水量数据全部协同转换为 NDVI 时空数据，由于 NARX 模型能够自动预测出下一时间序列的数据，故本书研究的混合神经网络 NBN 模型将预测出 2016—2021 年 1～28 空间观测样本区域的 NDVI 时空数据。最后，基于 2016—2021 年 1～28 空间观测样本区域的 NDVI 时空预测数据，可以计算出 1～28 空间观测样本区域对应的理论载畜量，用以动态分配 2016—2021 年 1～28 空间观测样本区域的牲畜数据，最终实现动态草畜平衡系统的核心功能。第 6 部分的组织结构如图 6‐1 所示。

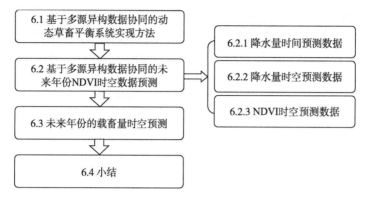

图 6-1　第 6 部分组织结构

6.1　基于多源异构数据协同的动态草畜平衡系统实现方法

如图 6-2 所示为基于多源异构数据协同的动态草畜平衡系统实现方法，其核心关键技术为基于混合神经网络 NBN 模型实现降水量数据与 NDVI 数据的协同，即基于降水量的时空预测数据协同预测出未来年份 NDVI 的时空数据。如图 6-2 所示，预测出未来年份 NDVI 的时空变化需要解决三个关键技术问题：首先，基于 NARX 模型预测出未来年份降水量的时

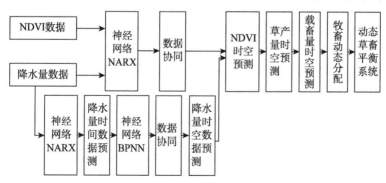

图 6-2　基于多源异构数据协同的动态草畜平衡系统实现方法

间数据；其次，基于 BPNN 模型实现降水量的时间数据与空间数据的转换；最后，基于 NARX 模型实现降水量时空数据与NDVI 数据之间的协同映射，最终预测出未来年份 NDVI 的时空数据。

NDVI 数据已经被广泛应用于评估植被生长变化及植被产量（草产量）[139]，未来年份 NDVI 的时空预测数据将通过与地面植被样方的实测数据进行比较，获得本书研究区域的草产量的时空预测数据，根据草产量可计算出与草产量对应的理论载畜量，从而以时间、空间的角度实现未来年份牲畜的动态分配，最终实现动态草畜平衡系统的功能。本书所研究的动态草畜平衡系统，是利用多种神经网络，基于气象数据、NDVI 遥感数据预测出未来年份生长季节草产量的时空变化，进而实现未来年份牲畜的时空动态分配，达到研究区域内丰年不浪费牧草、歉年避免过度放牧的目的，最终实现研究区域的草畜可持续发展。

6.2 基于多源异构数据协同的未来年份 NDVI 时空数据预测

基于多源异构数据协同实现的 NDVI 时空预测方法，旨在预测出如彩图 3 中所示的 1～28 空间观测样本区域未来年份的 NDVI 时空数据，并基于该 NDVI 时空数据计算出草产量与对应的理论载畜量，进而预测出未来年份理论载畜量的时空数据，从而实现牲畜的动态分配。然而，NDVI 的时空预测需要未来年份降水量时间数据、空间数据作为中间数据，并利用 NARX 模型实现降水量-NDVI 数据协同映射，最终实现 NDVI 的时空预测。因此，本部分基于 5.2 中基于 NARX 的降水量自回归预测模型、5.3 中基于 BPNN 的降水量时间-空间数据协同转换模型、5.4 中基于 NARX 的降水量-NDVI 数据协同映射模型，预测出彩图 3 中所示的 1～28 空间观测样本区域 2016—2020 年的降水量时空数据与 NDVI 时空数据。

6.2.1 降水量时间预测数据

5.2 中利用 NARX 建立了 S1～S9 气象站点对应的 9 个降水量自回归预测模型，并对该 9 个 NARX 模型的预测结果进行了详细的验证及误差分析，结果证明 NARX 能够准确捕捉降水量时间数据之间存在的潜在时间性关系，并通过学习当年生长季降水量与之前年份降水量数据之间的关系，建模预测出未来年份的生长季降水量数据，即该 9 个 NARX 模型能够精确预测出 9 个气象站点未来年份的降水量时间数据。预测获得的降水量时间数据将与空间观测样本区域的位置数据映射获得未来年份降水量的空间数据。因此，降水量时间数据的精准预测，对未来年份降水量空间数据的建模预测极为重要。本书通过降水量与 NDVI 之间的多源异构数据协同模型，将降水量时空预测数据协同映射为 NDVI 时空预测数据。此外，降水量时间数据的预测值代表着研究区域生长季的干旱程度，而干旱程度将直接影响植被的生长变化[140]-[141]。如表 6-1 所示，基于 NARX 模型获得 S1～S9 站点 2016—2020 年降水量时间预测数据。

表 6-1　基于 NARX 模型的 S1～S9 站点降水量时间预测数据
（2016—2020 年）

年份	S1	S2	S3	S4	S5	S6	S7	S8	S9
2016	53.94	97.84	90.10	93.27	43.87	61.11	126.50	149.89	95.78
2017	85.63	104.48	112.93	139.71	82.48	81.28	112.09	120.10	135.53
2018	82.45	96.22	105.57	107.60	74.89	87.89	88.41	104.16	94.42
2019	71.52	142.63	107.23	114.23	93.71	82.99	84.11	109.33	95.60
2020	58.63	103.55	97.79	127.14	98.23	108.18	95.28	147.92	108.11

6.2.2 降水量时空预测数据

5.3 中利用 S1～S9 气象站点对应的降水量时间预测数据，以该 9 个站点对应的经度、纬度、海拔、时间（年）数据为输入变量，利用 BPNN 建立了降水量时间数据与空间数据之间的协同模型，并对该 BPNN 模型的预测结果进行了详细的验证和误差分析，结果表明该 BPNN 模型能够准确地实现降水量时间数据与空间数据之间的协同转换或映射。因此，本部分基于 6.2.1 中 S1～S9 站点对应的 2016—2020 年降水量时间预测数据，通过相同结构的 BPNN 模型实现 2016—2020 年的降水量时间-空间数据协同映射，并将本文研究的 1～28 空间观测样本区域对应的经度、纬度、海拔、时间（年）数据输入 BPNN 模型，获得 1～28 空间观测样本区域的 2016—2020 年降水量时空预测数据（表 6 - 2）。

表 6 - 2 基于 BPNN 的降水量时空预测数据（mm）

样本区域	2016	2017	2018	2019	2020	样本区域	2016	2017	2018	2019	2020
1	53.79	89.86	86.22	109.39	102.54	15	48.58	91.92	77.65	80.61	99.77
2	66.39	96.92	88.46	108.12	103.69	16	41.34	99.14	78.86	81.4	101.35
3	90.63	112.85	94.42	110.75	113.74	17	53.4	101.58	83.25	81.24	109.59
4	96.36	115.95	105.63	111.69	133.5	18	88.74	109.66	96.72	82.29	140.61
5	51.24	68.68	73.3	95.14	99.39	19	52.51	65.25	71.31	51.81	39.35
6	37.7	84.44	81.55	87.55	97.91	20	51.58	76.2	76.64	65.24	36.6
7	37.41	89.85	83.26	91.55	98.94	21	49.19	76.73	73.59	61.39	48.49
8	51.3	100.06	83.22	90.89	101.85	22	42.43	83.38	75.41	71.73	53.84
9	70.84	106.33	85.93	89.21	104.41	23	39.98	87.2	72.94	79.61	69.71
10	96.63	111.11	93.26	87.58	120.2	24	50.2	87.53	79.08	78.43	95.47
11	53.17	56.6	71.35	77.35	82.84	25	40.23	91.01	81.49	79.91	104.76
12	49.26	75.36	75.49	54.38	75.22	26	65.17	105.93	89.8	80.29	134.37
13	41.85	81.42	80.53	70.51	80.73	27	131.59	133.17	103.14	100.02	151.37
14	37.33	87.75	77.68	79.84	87.62	28	138.18	135.37	100.51	99.27	154.67

6.2.3 NDVI 时空预测数据

5.4 中基于混合神经网络 NBN 模型实现了 NDVI 的时空预

测，即在 5.2、5.3 中获得降水量时空预测数据后，利用 NARX 模型实现研究的 A1～A4 地区对应的降水量数据与 NDVI 数据之间的协同映射，最后实现 NDVI 的时空预测。因此，本部分将 6.2.2 获得的 1～28 空间观测样本区域的降水量时空数据输入基于 NARX 建立的降水量-NDVI 数据协同模型，由于 NARX 模型可预测下一时间序列的输出，故可获得 1～28 空间观测样本区域 2016—2021 年 NDVI 的时空预测数据（表 6-3）。

表 6-3　基于混合神经网络的 NDVI 时空预测数据

样本区域	2016	2017	2018	2019	2020	2021	样本区域	2016	2017	2018	2019	2020	2021
1	0.67	0.72	0.7	0.68	0.72	0.73	15	0.76	0.74	0.79	0.73	0.77	0.68
2	0.71	0.74	0.72	0.71	0.72	0.72	16	0.78	0.77	0.78	0.76	0.76	0.73
3	0.76	0.78	0.79	0.76	0.78	0.75	17	0.77	0.77	0.8	0.77	0.77	0.73
4	0.82	0.83	0.83	0.81	0.83	0.81	18	0.82	0.81	0.82	0.82	0.82	0.81
5	0.64	0.65	0.66	0.65	0.64	0.64	19	0.52	0.48	0.55	0.5	0.55	0.5
6	0.58	0.62	0.61	0.59	0.63	0.6	20	0.5	0.49	0.53	0.5	0.53	0.5
7	0.68	0.69	0.7	0.64	0.66	0.59	21	0.51	0.48	0.54	0.51	0.55	0.51
8	0.68	0.71	0.71	0.67	0.7	0.69	22	0.6	0.56	0.56	0.57	0.57	0.58
9	0.68	0.68	0.71	0.69	0.7	0.71	23	0.6	0.57	0.55	0.57	0.56	0.55
10	0.79	0.8	0.8	0.8	0.79	0.79	24	0.64	0.61	0.65	0.63	0.64	0.62
11	0.59	0.54	0.61	0.57	0.63	0.59	25	0.77	0.78	0.79	0.77	0.76	0.72
12	0.5	0.49	0.55	0.52	0.54	0.51	26	0.79	0.78	0.8	0.8	0.8	0.79
13	0.59	0.56	0.54	0.53	0.55	0.53	27	0.88	0.87	0.87	0.88	0.88	0.86
14	0.55	0.59	0.59	0.56	0.61	0.58	28	0.85	0.85	0.85	0.85	0.85	0.84

图 6-3 为本书研究区域覆盖的 1～28 空间观测样本区域的 NDVI 时空数据的变化趋势，通过观察图 6-3 可知未来年份（如 2019—2021 年）中各个观测区域 NDVI 的变化趋势，对其分析并统计如表 6-4 所示。2019—2021 年生长季期间，1～28 空间观测样本区域 NDVI 数据中呈明显增长趋势的有 1、9 观测区

域，呈明显下降趋势的有 7、16、17、23、25、27，呈先升后降趋势的有 3、4、6、8、11、12、13、14、15、19、20、21、24，其余观测区域没有明显的变化。从各个空间观测样本区域所属地区来看，2019—2021 年 NDVI 具有增长趋势的地区为 A3（2个），NDVI 具有下降趋势最多的为 A4（4个），NDVI 呈先升后降趋势的为 A1（5个）、A2（5个）、A3（3个），这表明 2020—2021 年绝大多数地区的 NDVI 呈现下降的变化趋势（共计 17个），其他无明显变化趋势的 NDVI 分布在 A1（1个）、A2（2个）、A3（2个）、A4（2个），共计 7个，从空间观测样本区域分布来看，NDVI 无明显变化的空间观测样本区域大多为靠近森林或河流的植被丰富地区。

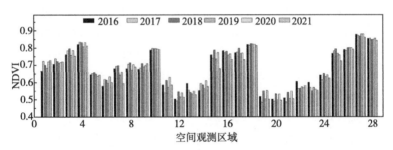

图 6-3　1-28 空间观测样本区域的 NDVI 时空变化趋势

表 6-4　未来年份（2019—2021 年）NDVI 时空变化趋势统计

变化特征	统计结果	所属区域			
		A1	A2	A3	A4
增长趋势	1、9	0	0	2	0
下降趋势	7、16、17、23、25、27	0	1	1	4
先升后降趋势	3、4、6、8、11、12、13、14、15、19、20、21、24	5	5	3	0
无明显变化趋势及其他	2、5、10、18、22 26、28	1	2	2	2

6.3 未来年份的载畜量时空预测

如彩图 4 所示，本书研究区域的植被种类分布大体划分为四个区，即呼伦贝尔草甸草原亚区（Ⅰ区），大针茅（*Stipa grandis*）、羊草（*Leymus chinensis*）、杂类草草原亚区（Ⅱ区）、大针茅、隐子草（*Cleistogenes squarrosa*）草原亚区（Ⅲ区），克氏针茅（*Stipa crylovii*）、隐子草干草原亚区（Ⅳ区）[143]。按照四个植被区划，可计算出各区草原植被对应的理论载畜量（C_i）[144][145]：

$$C_i = \frac{A \times K_1 \times K_2 \times K_3}{I \times D} \qquad (6-1)$$

式中，C_i 为第 i 区的理论载畜量（标准羊单位），i 为植被区划序号；K_1 为可利用草地系数，第 Ⅰ 区取值为 0.85，其他区为 0.8；K_2 为可食牧草系数，四个区均取值 0.6；K_3 为草地利用系数，第 Ⅰ 区取值为 0.55，其他区为 0.5[146]；I 为草地的日采食量 [kg/（羊单位·d）]，1 个羊单位的草地的日采食量一般按照 2kg 含水量 14% 的干草进行计算[147]；D 为草地利用天数，$D=$ 365d；A 为第 i 区的地上生物量（kg）。已知 I_N 为 NDVI 的值，则 A 的计算公式如下[148]：

$$A = 7\,571.3I_N^3 - 10\,251I_N^2 + 4\,906.4I_N - 727.42$$

$$(6-2)$$

将 2016—2021 年 NDVI 的时空预测值代入公式（6-1）和（6-2）中可预测出本书研究区域覆盖的 1～28 个空间观测样本区域的理论载畜量，预测结果如表 6-5 所示。理论载畜量时空数据的精确预测，对本书研究区域的草畜平衡系统提供精确的时空数据支撑，将有利于研究区域内牲畜种类（如牛、马、驴、骡等大牲畜约等于 5 个羊单位）、数量的时空动态分配，除了有效利用草原地区植被外，还将减少未来年份理论载畜量较小区域出现超载放牧或过度放牧，以避免草原植被的进一步退化。

表 6－5 研究区域载畜量的时空预测数据

样本区域	2016	2017	2018	2019	2020	2021	样本区域	2016	2017	2018	2019	2020	2021
1	1.88	2.63	2.32	2.09	2.58	2.73	15	3.31	2.93	3.88	2.83	3.57	2.04
2	2.39	2.89	2.63	2.47	2.53	2.6	16	3.8	3.55	3.73	3.27	3.4	2.79
3	3.9	4.46	4.77	3.81	4.51	3.7	17	3.54	3.61	4.13	3.48	3.5	2.78
4	5.52	5.99	5.87	5.1	5.84	5.27	18	5.48	5.34	5.63	5.58	5.53	5.31
5	1.66	1.74	1.8	1.71	1.59	1.65	19	0.95	0.86	1.07	0.91	1.08	0.91
6	1.2	1.45	1.42	1.29	1.57	1.33	20	0.91	0.87	1	0.89	1	0.89
7	2.05	2.22	2.27	1.66	1.8	1.29	21	0.93	0.86	1.04	0.91	1.06	0.91
8	2.04	2.38	2.5	1.94	2.35	2.16	22	1.36	1.13	1.13	1.18	1.15	1.21
9	2	2.08	2.44	2.18	2.26	2.43	23	1.33	1.16	1.07	1.16	1.11	1.09
10	4.57	4.83	4.8	4.81	4.69	4.63	24	1.65	1.42	1.73	1.56	1.65	1.5
11	1.24	1.03	1.41	1.17	1.54	1.24	25	3.46	3.77	4.02	3.45	3.28	2.66
12	0.91	0.88	1.05	0.95	1.03	0.94	26	3.95	3.83	4.18	4.21	4.18	3.98
13	1.29	1.09	1.04	1.01	1.07	0.99	27	7.59	7.36	7.19	7.72	7.69	6.98
14	1.08	1.29	1.24	1.13	1.4	1.18	28	6.68	6.71	6.43	6.51	6.71	6.23

注：载畜量单位为 10^5 羊单位。

6.4 小结

本部分主要介绍了基于多源异构数据协同的动态草畜平衡系统的实现方法，即基于神经网络实现降水量数据与 NDVI 数据的协同，并最终基于混合神经网络 NBN 模型预测出未来年份 NDVI 的时空数据，该混合神经网络整体模型主要完成了三个关键数据的预测。首先，NARX 模型预测出 S1～S9 气象站点 2016—2020 年生长季降水量时间数据；其次，BPNN 模型将 2016—2020 年生长季降水量时间数据协同转换为降水量空间数据；最后，用于降水量－NDVI 数据协同映射的 NARX 模型将

2016—2020 年生长季降水量时空数据协同转换为 NDVI 空间数据，由于 NARX 模型能够自动预测出下一时间序列的输出数据，故本书基于混合神经网络 NBN 模型预测出了研究区域覆盖的 1～28 空间观测样本区域 2016—2021 年生长季 NDVI 的时空数据。此外，本部分基于 NDVI 的时空预测数据计算出了研究区域内 1～28 空间观测样本区域 2016—2021 年生长季的理论载畜量数据，这将有助于未来年份牲畜种类、数量的时空动态分配，以保护草原地区植被及畜牧业的可持续发展，最终实现了本书提出的动态草畜平衡系统的功能。

7 总结和展望

7.1 工作总结

本书旨在基于神经网络建模实现多源异构数据的协同处理，进而实现利用数据协同算法构建物联网系统。具体来看，本书利用多种类型神经网络建模实现了降水量与 NDVI 数据之间的时空协同预测处理，并利用 NDVI 的时空预测数据获得了未来年份的牲畜时空优化分布，从而构建了基于物联网的动态草畜平衡系统，实现了智慧草原所需要的物联网功能。本书的三个创新点主要研究了降水量数据的自回归预测模型、降水量时间数据与空间数据之间的协同模型，以及降水量数据与遥感卫星传感器感知的 NDVI 数据之间的多源异构数据协同模型，进而实现未来年份 NDVI 的时空预测，最终实现动态草畜平衡系统的功能。本书的三个创新点均是基于不同类型的混合神经网络实现的数据协同模型，这对进一步充实多传感器数据协同理论和方法具有重要的研究意义。

首先，本文提出了基于动态神经网络（如 NARX）的降水量时间数据自回归预测模型。根据研究区域降水量时间数据的变化特点，利用研究区域内 S1～S9 气象站点的降水量数据，建立了与 S1～S9 气象站点对应的 9 个 NARX 模型。通过对模型的验证与误差分析，结果表明 S1～S9 气象站点的降水量变化趋势均能够精确地被 NARX 模型预测，且各站点降水量数据的异常变化（如降水量峰值、谷值）也能够被 NARX 模型精准预测，这说明具有输入、输出反馈延迟的 NARX 模型能够成功捕捉降水量时间序列内部存在的时间性关系，证明了 NARX 模型适合用于学习降水量单时间序列数据的变化特点，即基于 NARX 模型的动态特性能够精确预测出具有动态变化特性的降水量时间数据。基于 NARX 模型预测的降水量时间数据，为进一步建模预测降水量的时空变化提供数据支撑。

其次，本书提出了基于 BPNN 的降水量时间数据与空间数据协同转换模型。根据降水量的时空特性与对应的空间位置数据具有较强相关性的特点，本书以气象站点的经度、纬度、海拔及时间（年）数据作为模型输入，以气象站点 NARX 模型预测获得的降水量时间数据作为模型输出，利用 BPNN 建立了降水量时间数据与空间数据之间的协同转换模型。通过对模型结果的验证与误差分析，证明 BPNN 模型能够根据空间位置信息数据精确预测出对应空间位置的降水量，具体体现在 BPNN 模型可以精确地捕捉降水量时间数据与空间位置数据之间呈现出的具有弱非线性特点的相关性，从而基于 BPNN 模型预测出研究区域内任意空间观测样本区域的降水量时空数据。基于 BPNN 模型的降水量时空预测数据，将用于预测未来年份的 NDVI 时空数据。

最后，本书提出了基于 NARX 的降水量数据与 NDVI 数据的协同映射模型，该模型能够实现降水量时空数据转换为 NDVI 时空数据，实现未来年份 NDVI 的时空预测。本书以研究区域内的四个子区域（A1～A4）为样本，基于降水量时间数据和 NDVI 数据，利用 NARX 建立了降水量数据与 NDVI 数据之间的多源异构数据协同模型。通过对模型的验证与误差分析，证明 NARX 模型能够实现基于降水量数据精确协同预测出对应的 NDVI 数据，这一结果与实际的生长季降水量与植被的自然关系特征一致，即当年生长季植被的变化不仅与当年和以往年份的降水量相关，还与以往年份的植被条件相关，而 NARX 模型利用其输入、输出反馈延迟单元能够精确捕捉降水量与植被变化的这一具有自然特征的关系，从而实现降水量数据与 NDVI 数据之间的多源异构数据协同。因此，基于用于预测未来年份降水量时间数据的 NARX 模型，以及用于降水量时间数据与空间数据协同转换的 BPNN 模型，结合用于降水量数据与 NDVI 数据协同的 NARX 模型，可以精确预测出未来年份 NDVI 的时空数据。因此，本书提出了一种基于混合神经网络 NBN 模型的多源异构数据协同方法，并基于该方法精确预测出 NDVI 的时空数据。

综上所述，本书基于人工神经网络模型提出的三种创新方法不仅具有可行性，且建立的混合神经网络模型能够精确地表征多源异构数据的时空变化特性。书中研究的新型多源异构数据协同方法，能够广泛应用于时间数据与空间数据之间的协同建模。此外，本书以干旱半干旱草原地区的草畜平衡系统所涉及的多源异构数据为实例，研究一种基于混合神经网络 NBN 模型的 NDVI 时空预测方法，该方法适用于具有干旱半干旱草原地区特性或降水量与植被具有紧密相关性地区的 NDVI 时空预测。总之，利用未来年份的 NDVI 时空预测数据，能够预测出未来年份理论载畜量的时空数据，从而实现本书研究区域未来年份牲畜种类、数量的动态时空分配，这将有利于草原植被的保护及畜牧业的可持续发展，从而实现基于多源异构数据协同的动态草畜平衡系统。

7.2 未来工作的展望

随着物联网逐渐深入应用于各行各业，各个行业对物联网的需求标准也越来越高，同时也对复杂环境下的多源异构数据协同研究提出了更高的要求。本书提出的基于混合神经网络的多源异构数据协同方法除适用于动态草畜平衡系统之外，还可以应用于具有时间类型数据、时间空间类型数据的其他领域中。为了将来可将本文研究的基于神经网络的数据协同方法应用到更多实测实例中，基于混合神经网络的多源异构数据协同处理方法需要进一步探索和拓展，总结为如下几点内容。

（1）在单边量自回归预测方面　本书采用 NARX 神经网络建立了生长季降水量时间数据的自回归预测模型。对于单变量自回归预测建模而言，自回归预测算法或神经网络类型的选择固然重要，但是预测精度的提升在一定程度上依赖于训练数据的类型与变化特征。我们相信，如果获得时间分辨率更高的单变量数据，使用本书方法会获得更高的预测精度。此外，影响单变量数据变化的因素，不仅为单变量数据本身，还有与其相关的其他数据。因此，今后研究中可寻找更多与单变量相关的数据源来共同建模预测单变量时间数据，以进一步提高模型的预测精度。

（2）在多源异构时间数据协同方面　多源异构时间数据协同的前提是异构数据之间存在紧密的相关性。然而，对于多源异构数据类型而言，因传感器类型众多，其感知的数据类型亦众多，往往一种单一数据类型不能全面地表征其实际物理变量的变化特征。例如，本书以 MODIS 500m 分辨率的中国区域的月合成 NDVI 数据用于表征植被的生长变化，该产品没有将雷达/微波传感器纳入观测能力范畴，且空间分辨率有较大的提高空间。此外，可以尝试选择多种类型的传感器用于监测植被变化，如选择历史观测数据更多的 AVHRR、Landsat 数据，以及高分辨率的遥感卫星数据。草原地区降水与植被变化之间存在着复杂的微观物理过程，且存在不同时间范围内的相互影响，如天、旬、月、季节、年际之间的相互影响，每个时间范围内的影响都表征着复杂的物理现象。草原地区降水及 NDVI 之间的时空关系背后的物理过程，需要更加丰富的微观数据（时间数据、空间数据）进行表征。因此，在未来的工作中，构建多源异构时间数据协同模型时，需要对一种感知变量，考虑采用多种类型、多时间尺度的感知数据，以获得预测精度更高的多源异构时间数据协同模型。

（3）在多源异构时空数据协同方面　考虑到需要多步骤、多种类型神经网络建模方可实现多源异构时空数据的协同处理，故需要考虑某一环节中数据协同模型带来的误差是否影响下一环节中的数据协同模型的误差。例如，时间数据协同模型的误差是否影响空间数据协同模型的精度。因此,在未来工作中,需要进一步选择与协同数据特征更契合的协同算法或神经网络类型,以减小各环节模型的误差,提高用于多源异构时空数据协同的整体混合模型的精确度。

(4)在多源异构数据协同方法方面,未来的研究方向是基于海量的多源感知数据,利用多层神经网络的深度学习算法(如卷积神经网络、自动编码器、深信度网络等)实现多源异构数据的协同。随着更多类型的物联网感知数据以大数据的形式应用于多源异构数据协同建模,本书采用的传统神经网络模型将面临不同的问题。例如,因为 NARX、BPNN 均采用传统的 BP 算法,易出现收敛速度慢、常陷入局部极小点不足的问题,从而不能实现对海量感知数据的精确抽象。相反,深度学习能够利用多个处理层的计算模型去学习含有多层次抽象表示的海量感知数据。因此,深度学习利用其特征学习方法发现海量数据中的复杂结构,通过其足够多的非线性模型转换功能与复杂函数的学习能力,将为海量多源异构数据的协同方法带来新的突破。

[1] Stankovic J A. Research directions for the Internet of Things [J]. IEEE Internet of Things Journal, 2014, 1 (1): 3-9.

[2] 邬贺铨. 物联网技术与应用的新进展[J]. 物联网学报, 2017, 1 (1): 1-6.

[3] Zanella A, Bui N, Castellani A, et al. Internet of Things for smart cities [J]. IEEE Internet of Things journal, 2014, 1 (1): 22-32.

[4] Wan J, Tang S, Shu Z, et al. Software-defined industrial Internet of Things in the context of Industry 4. 0 [J]. IEEE Sensors Journal, 2016, 16 (20): 7373-7380.

[5] Kumar B, Hu J, Pan N. Smart medical stocking using memory polymer for chronic venous disorders [J]. Biomaterials, 2016, 75: 174-181.

[6] Pan J, Jain R, Paul S, et al. An Internet of Things framework for smart energy in buildings: Designs, prototype, and experiments [J]. IEEE Internet of Things Journal, 2015, 2 (6): 527-537.

[7] Guerrero-Ibanez J A, Zeadally S, Contreras-Castillo J. Integration challenges of intelligent transportation systems with connected vehicle, cloud computing, and Internet of Things technologies [J]. IEEE Wireless Communications, 2015, 22 (6): 122-128.

[8] Elijah O, Rahman T A, Orikumhi I, et al. An overview of Internet of Things (IoT) and data analytics in agriculture: Benefits and challenges [J]. IEEE Internet of Things Journal, 2018, 5 (5): 3758-3773.

[9] García M R, Cabo M L, Herrera J R, et al. Smart sensor to predict retail fresh fish quality under ice storage [J]. Journal of Food Engineering,

2017，197：87-97.

［10］马边防．黑龙江省现代化大农业低碳化发展研究［D］.哈尔滨：东北农业大学，2015.

［11］彭代亮，基于统计与 MODIS 数据的水稻遥感估产方法研究［D］.杭州：浙江大学，2009.

［12］马建国，金恒越．物联网与大健康［J］.物联网学报，2018，2（1）：42-55.

［13］高峻．基于整体性治理的中心城市交通管理体制创新——以深圳大交通管理体制改革为例［D］.武汉：武汉大学，2011.

［14］刘斌．基于国家能源战略的我国能源企业大物流模式研究——以 SH 物流公司为例［D］.天津：天津大学，2013.

［15］王春雷．基于三维 GIS 展现的煤矿物联网异构数据集成与应用［D］.北京：中国矿业大学（北京），2014.

［16］Otero-Cerdeira L，Rodríguez-Martínez F，Gómez-Rodríguez A. Definition of an ontology matching algorithm for context integration in smart cities［J］. Sensors，2014，14（12）：23581-23619.

［17］石建．面向 5G 的移动通信技术及其优化研究［D］.天津：天津大学，2017.

［18］张翔．面向干旱监测应用的星地多传感器协同方法研究［D］.武汉：武汉大学，2017.

［19］谢双红．北方牧区草畜平衡与草原管理研究［D］.北京：中国农业科学院，2005.

［20］营刚．草原退化的制度经济学研究［D］.呼和浩特：内蒙古大学，2014.

［21］中国林业网．我国草原资源现状、保护建设成效和今后的工作重点［EB/OL］.2018. http://www.forestry.gov.cn/.

［22］Tucker C J，Townshend J R G，Goff T E. African land-cover classification using satellite data［J］.Science，1985，227（4685）：369-375.

［23］Chen N，Zhang X. A dynamic observation capability index for quantitatively pre-evaluating diverse optical imaging satellite sensors［J］. IEEE Journal of Selected Topics in Applied Earth Observations and Remote Sensing，2014，7（2）：515-530.

［24］Smith D G，Hollands T. A preliminary study to investigate the physical activity，sedentary behaviour and energy balance in the grazing horse；potential opportunities to manage weight［J］. Piers Online，2017，5

(7)：31-36.

[25] Nash J M. Optimal allocation of tracking resources [C]. IEEE Conference on Decision and Control including the 16th Symposium on Adaptive Processes and A Special Symposium on Fuzzy Set Theory and Applications. New Orleans，1977：1177-1180.

[26] Manyika J，Durrant-Whyte H. Data Fusion and Sensor Management：A decentralized information-theoretic approach [M]. Prentice Hall PTR，1995.

[27] Hintz K J，McIntyre G A. Goal lattices for sensor management [C]. Signal Processing，Sensor Fusion，and Target Recognition Ⅷ. International Society for Optics and Photonics，1999，3720：249-256.

[28] Xiong N，Svensson P. Multi-sensor management for information fusion：Issues and approaches [J]. Information Fusion，2002，3（2）：163-186.

[29] Kreucher C，Kastella K，Hero III A O. Sensor management using an active sensing approach [J]. Signal Processing，2005，85（3）：607-624.

[30] 郭承军. 多源组合导航系统信息融合关键技术研究[D]. 成都：电子科技大学，2018.

[31] Bogosyan S. A sliding mode based neural network for data fusion and estimation using multiple sensors [J]. Intelligent Automation & Soft Computing，2011，17（4）：477-493.

[32] Hilal A R，Basir O. A collaborative energy-aware sensor management system using team theory [J]. ACM Transactions on Embedded Computing Systems（TECS），2016，15（3）：1-26.

[33] 刘钦. 多传感器组网协同跟踪方法研究[D]. 西安：西安电子科技大学，2013.

[34] Luttrell S P. A Bayesian analysis of self-organising maps [J]. Neural Computation，1994，6：767-794.

[35] 韩崇昭，朱洪艳，段战胜. 多源信息融合[M]. 北京：清华大学出版社，2010.

[36] Sun B，Jiang C，Li M. Fuzzy neural network-based interacting multiple model for multi-node target tracking algorithm [J]. Sensors，2016，16（11）：1823-1837.

[37] Zhu H，Lan Y，Zhang H，et al. Monitoring nitrogen status on crop

canopy using neural network-based multisensor fusion [J]. Sensor Letters，2014，12（3-5）：692-699.

[38] Lu W，Teng J，Xu Y，et al. Identification of damage in dome-like structures using hybrid sensor measurements and artificial neural networks [J]. Smart Materials and Structures，2013，22（10）：1-10.

[39] Xia M，Li T，Xu L，et al. Fault diagnosis for rotating machinery using multiple sensors and convolutional neural networks [J]. IEEE/ASME Transactions on Mechatronics，2018，23（1）：101-110.

[40] He B，Xing M，Bai X. A synergistic methodology for soil moisture estimation in an alpine prairie using radar and optical satellite data [J]. Remote Sensing，2014，6（11）：10966-10985.

[41] Dousset B，Gourmelon F. Satellite multi-sensor data analysis of urban surface temperatures and landcover [J]. ISPRS Journal of Photogrammetry and Remote Sensing，2003，58（1-2）：43-54.

[42] Hofmann M，Tallowin J R B. Sward height distribution and temporal stability on a continuously stocked，botanically diverse pasture [C]. Land Use Systems on Grassland Dominated Regions，EGF 20th general meeting. Luzern，Switzerland，2004：192-194.

[43] Wienhold B J，Hendrickson J R，Karn J F. Pasture management influences on soil properties in the Northern Great Plains [J]. Journal of Soil and Water Conservation，2001，56（1）：27-31.

[44] Howden S M，Crimp S J，Stokes C J. Climate change and Australian livestock systems：Impacts，research and policy issues [J]. Australian Journal of Experimental Agriculture，2008，48（7）：780-788.

[45] Machado C F，Morris S T，Hodgson J，et al. Seasonal changes of herbage quality within a New Zealand beef cattle finishing pasture [J]. New Zealand Journal of Agricultural Research，2005，48（2）：265-270.

[46] 刘及东. 基于气候产草量模型与遥感产草量模型的草地退化研究——以内蒙古鄂温克族自治旗为例[D]. 呼和浩特：内蒙古农业大学，2010.

[47] Xu B，Yang X C，Tao W G，et al. MODIS-based remote sensing monitoring of grass production in China [J]. International Journal of Remote Sensing，2008，29（17-18）：5313-5327.

[48] 陈宝瑞. 呼伦贝尔草原多尺度植被空间格局及其对干扰的响应[D].

北京：中国农业科学院，2010.

[49] Tucker C J, Vanpraet C L, Sharman M J, et al. Satellite remote sensing of total herbaceous biomass production in the Senegalese Sahel: 1980-1984 [J]. Remote Sensing of Environment, 1985, 17 (3): 233-249.

[50] Ito E, Araki M, Tith B, et al. Leaf-shedding phenology in lowland tropical seasonal forests of Cambodia as estimated from NOAA satellite images [J]. IEEE Transactions on Geoscience and Remote Sensing, 2008, 46 (10): 2867-2871.

[51] Tsai H P, Yang M D. Relating vegetation dynamics to climate variables in Taiwan using 1982-2012 NDVI3g data [J]. IEEE Journal of Selected Topics in Applied Earth Observations and Remote Sensing, 2016, 9 (4): 1624-1639.

[52] Carlson T N, Ripley D A. On the relation between NDVI, fractional vegetation cover, and leaf area index [J]. Remote Sensing of Environment, 1997, 62 (3): 241-252.

[53] Martínez B, Gilabert M A. Vegetation dynamics from NDVI time series analysis using the wavelet transform [J]. Remote Sensing of Environment, 2009, 113 (9): 1823-1842.

[54] Yagci A L, Di L, Deng M. The influence of land cover-related changes on the ndvi-based satellite agricultural drought indices [C]. IEEE Geoscience and Remote Sensing Symposium. Quebec, 2014: 2054-2057.

[55] Shahabfar A, Ghulam A, Conrad C. Understanding hydrological repartitioning and shifts in drought regimes in Central and South-West Asia using MODIS derived perpendicular drought index and TRMM data [J]. IEEE Journal of Selected Topics in Applied Earth Observations and Remote Sensing, 2014, 7 (3): 983-993.

[56] De Bernardis C, Vicente-Guijalba F, Martinez-Marin T, et al. Contribution to real-time estimation of crop phenological states in a dynamical framework based on NDVI time series: Data fusion with SAR and temperature [J]. IEEE Journal of Selected Topics in Applied Earth Observations and Remote Sensing, 2016, 9 (8): 3512-3523.

[57] Geng L, Ma M, Yu W, et al. Validation of the MODIS NDVI products in different land-use types using in situ measurements in the Heihe

River basin [J]. IEEE Geoscience and Remote Sensing Letters, 2014, 11 (9): 1649-1653.

[58] Kang L, Di L, Deng M, et al. Use of geographically weighted regression model for exploring spatial patterns and local factors behind NDVI-precipitation correlation [J]. IEEE Journal of Selected Topics in Applied Earth Observations and Remote Sensing, 2014, 7 (11): 4530-4538.

[59] Ranson K J, Sun G, Kovacs K, et al. MODIS NDVI response following fires in Siberia [C]. IEEE International Geoscience and Remote Sensing Symposium, 2003, 5: 3290-3292.

[60] Ardakani A S, Zoej M J V, Mohammadzadeh A, et al. Spatial and temporal analysis of fires detected by MODIS data in northern Iran from 2001 to 2008 [J]. IEEE Journal of Selected Topics in Applied Earth Observations and Remote Sensing, 2011, 4 (1): 216-225.

[61] Ya'acob N, Miskan E E, Yusof A L, et al. Vegetation recovery detection from forest fire using Remote Sensing techniques [C]. IEEE Conference on Systems, Process & Control (ICSPC), 2013: 237-242.

[62] Bai J, Di L, Bai J. NDVI and regional climate variation since the implementation of revegetation program in Northern Shaanxi Province, China [J]. IEEE Journal of Selected Topics in Applied Earth Observations and Remote Sensing, 2014, 7 (11): 4581-4588.

[63] Nicholson S E, Farrar T J. The influence of soil type on the relationships between NDVI, rainfall, and soil moisture in semiarid Botswana. I. NDVI response to rainfall [J]. Remote Sensing of Environment, 1994, 50 (2): 107-120.

[64] Song C, Jia L, Menenti M. Retrieving high-resolution surface soil moisture by downscaling AMSR-E brightness temperature using MODIS LST and NDVI data [J]. IEEE Journal of Selected Topics in Applied Earth Observations and Remote Sensing, 2014, 7 (3): 935-942.

[65] Lopez-Carr D, Mwenda K M, Pricope N G, et al. Climate-related child undernutrition in the lake victoria basin: An integrated spatial analysis of health surveys, NDVI, and precipitation data [J]. IEEE Journal of Selected Topics in Applied Earth Observations and Remote Sensing, 2016, 9 (6): 2830-2835.

［66］ Li Z, Tang H, Xin X, et al. Assessment of the MODIS LAI product using ground measurement data and HJ-1A/1B imagery in the meadow steppe of Hulunber, China［J］. Remote Sensing, 2014, 6 (7): 6242-6265.

［67］ Li Z, Wang J, Tang H, et al. Predicting grassland leaf area index in the Meadow Steppes of Northern China: A comparative study of regression approaches and hybrid geostatistical methods ［J］. Remote Sensing, 2016, 8 (8): 632-649.

［68］ Li Z, Xin X, Huan T, et al. Estimating grassland LAI using the Random Forests approach and Landsat imagery in the meadow steppe of Hulunber, China ［J］. Journal of Integrative Agriculture, 2017, 16 (2): 286-297.

［69］ Klein D, Menz G. Monitoring of seasonal vegetation response to rainfall variation and land use in East Africa using ENVISAT MERIS data ［C］. IEEE International Geoscience and Remote Sensing Symposium. 2005, 4: 2884-2887.

［70］ 米楠. 基于草畜平衡的荒漠草原可持续利用模式研究［D］. 银川：宁夏大学，2017.

［71］ McInnes W S, Smith B, McDermid G J. Discriminating native and nonnative grasses in the dry mixed grass prairie with MODIS NDVI time series［J］. IEEE Journal of Selected Topics in Applied Earth Observations and Remote Sensing, 2015, 8 (4): 1395-1403.

［72］ 缪冬梅，张院萍. 2011 年全国草原监测报告［J］. 中国畜牧业，2012 (9): 10.

［73］ 缪冬梅，刘源. 2012 年全国草原监测报告［J］. 中国畜牧业，2013 (8): 14-29.

［74］ 刘源. 2013 年全国草原监测报告［J］. 中国畜牧业，2014 (6): 18-33.

［75］ 刘源. 2014 年全国草原监测报告［J］. 中国畜牧业，2015 (8): 18-31.

［76］ 刘源. 2015 年全国草原监测报告［J］. 中国畜牧业，2016 (6): 18-35.

［77］ 刘源. 2016 年全国草原监测报告［J］. 中国畜牧业，2017 (8): 18-35.

［78］ 邢会敏. 基于遥感与作物模型同化的冬小麦节水灌溉研究［D］. 北京：中国矿业大学（北京），2018.

［79］ 冉娟. 中国精饲料供需研究［D］. 北京：中国农业科学院，2016.

［80］ Cai H, Xu B, Jiang L, et al. IoT-based big data storage systems in cloud computing: Perspectives and challenges [J]. IEEE Internet of Things Journal, 2017, 4 (1): 75-87.

[81] Marjani M, Nasaruddin F, Gani A, et al. Big IoT data analytics: Architecture, opportunities, and open research challenges [J]. IEEE Access, 2017, 5: 5247-5261.

[82] Yao X. Evolving artificial neural networks [J]. Proceedings of the IEEE, 1999, 87 (9): 1423-1447.

[83] Pitts W. The linear theory of neuron networks: The dynamic problem [J]. The Bulletin of Mathematical Biophysics, 1943, 5 (1): 23-31.

[84] 杨易. 基于多观测数据和神经网络方法的日冕行星际太阳风模式研究 [D]. 成都: 中国科学院大学 (中国科学院国家空间科学中心), 2019.

[85] Hebb D O. The organization of behavior [M]. New York: Wiley, 1961.

[86] Arbib M. Review of 'Perceptrons: An introduction to computational geometry' [J]. IEEE Transactions on Information Theory, 2003, 15 (6): 738-739.

[87] Hopfield J J. Neural networks and physical systems with emergent collective computational abilities [J]. Proceedings of the National Academy of Sciences, 1982, 79 (8): 2554-2558.

[88] McClelland J L, Rumelhart D E, Hinton G E. The appeal of parallel distributed processing [M]. Morgan Kaufmann, 1988.

[89] Aihara K, Takabe T, Toyoda M. Chaotic neural networks [J]. Physics Letters A, 1990, 144 (6-7): 333-340.

[90] Bulsari A. Some analytical solutions to the general approximation problem for feedforward neural networks [J]. Neural Networks, 1993, 6 (7): 991-996.

[91] Fang W, Zhang Q J. Knowledge-based neural models for microwave design [J]. IEEE Transactions on Microwave Theory & Techniques, 1997, 45 (12): 2333-2343.

[92] Hinton G E, Osindero S, Teh Y W. A fast learning algorithm for deep belief nets [J]. Neural Computation, 2006, 18 (7): 1527-1554.

[93] 周开利, 康耀红. 神经网络模型及其 MATLAB 仿真程序设计 [M]. 北京: 清华大学出版社, 2005.

[94] Aazhang B, Paris B P, Orsak G C. Neural networks for multiuser de-

tection in code-division multiple-access communications [J]. IEEE Transactions on Communications, 1992, 40 (7): 1212-1222.

[95] Kechriotis G I, Manolakos E S. Hopfield neural network implementation of the optimal CDMA multiuser detector [J]. IEEE Transactions on Neural Networks, 1996, 7: 131-141.

[96] Lin W M, Hong C M. A new Elman neural network-based control algorithm for adjustable-pitch variable-speed wind-energy conversion systems [J]. IEEE Transactions on Power Electronics, 2011, 26 (2): 473-481.

[97] Carcano E C, Bartolini P, Muselli M, et al. Jordan recurrent neural network versus IHACRES in modelling daily streamflows [J]. Journal of Hydrology, 2008, 362 (3-4): 291-307.

[98] Chappell G J, Taylor J G. The temporal Kohonen map [J]. Neural Networks, 1993, 6 (3): 441-445.

[99] 周盼. 基于深层神经网络的语音识别声学建模研究[D]. 合肥: 中国科学技术大学, 2014.

[100] 刘文远. 基于动态神经网络类型的微波器件建模[D]. 天津: 天津大学, 2017.

[101] Waibel A, Hanazawa T, Hinton G, et al. Phoneme recognition using time-delay neural networks [J]. IEEE Transactions on Acoustics Speech and Signal Processing, 1989, 37 (3): 328-339.

[102] Angeline P J, Saunders G M, Pollack J B. An evolutionary algorithm that constructs recurrent neural networks [J]. IEEE Transactions on Neural Networks, 1994, 5 (1): 54-65.

[103] Lin T, Horne B G, Tino P, et al. Learning long-term dependencies in NARX recurrent neural networks [J]. IEEE Transactions on Neural Networks, 1996, 7 (6): 1329-1338.

[104] Xu J, Yagoub M C E, Ding R, et al. Neural-based dynamic modeling of nonlinear microwave circuits [J]. IEEE Transactions on Microwave Theory and Techniques, 2002, 50 (12): 2769-2780.

[105] Rumelhart D E. Learning representations by back-propagating errors [J]. Nature, 1986, 323 (6088): 533-536.

[106] Gouvas M, Sakellariou N, Xystrakis F. The relationship between al-

titude of meteorological stations and average monthly and annual precipitation [J]. Studia Geophysica et Geodaetica, 2009, 53 (4): 557-570.

[107] Zhang Q, Gupta K C. Neural networks for RF and microwave design [M]. Norwood: Artech House, 2000.

[108] Richard Y, Martiny N, Fauchereau N, et al. Interannual memory effects for spring NDVI in semi-arid South Africa [J]. Geophysical Research Letters, 2008, 35 (13): 195-209.

[109] Wong K W, Wong P M, Gedeon T D, et al. Rainfall prediction model using soft computing technique [J]. Soft Computing, 2003, 7 (6): 434-438.

[110] Wu T S, Fu H P, Jin G, et al. Prediction of the livestock carrying capacity using neural network in the meadow steppe [J]. The Rangeland Journal, 2019, 41 (1): 65-72.

[111] Xiao S, Yu H, Wu Y, et al. Self-evolving trading strategy integrating Internet of Things and big data [J]. IEEE Internet of Things Journal, 2018, 5 (4): 2518-2525.

[112] Alghassi A, Perinpanayagam S, Samie M. Stochastic RUL calculation enhanced with TDNN-based IGBT failure modeling [J]. IEEE Transactions on Reliability, 2016, 65 (2): 558-573.

[113] Menezes Jr J M P, Barreto G A. Long-term time series prediction with the NARX network: An empirical evaluation [J]. Neurocomputing, 2008, 71 (16-18): 3335-3343.

[114] Wong C X, Worden K. Generalised NARX shunting neural network modelling of friction [J]. Mechanical Systems and Signal Processing, 2007, 21 (1): 553-572.

[115] De Nicolao G, Trecate G F. Consistent identification of NARX models via regularization networks [J]. IEEE Transactions on Automatic Control, 1999, 44 (11): 2045-2049.

[116] Hannan M A, Lipu M S H, Hussain A, et al. Neural network approach for estimating state of charge of lithium-ion battery using backtracking search algorithm [J]. IEEE Access, 2018, 6: 10069-10079.

[117] Chang T K, Talei A, Alaghmand S, et al. Choice of rainfall inputs for event-based rainfall-runoff modeling in a catchment with multiple

rainfall stations using data-driven techniques [J]. Journal of Hydrology, 2017, 545: 100-108.

[118] Zhou L, Kaufmann R K, Tian Y, et al. Relation between interannual variations in satellite measures of northern forest greenness and climate between 1982 and 1999 [J]. Journal of Geophysical Research: Atmospheres, 2003, 108 (D1): 1-16.

[119] Richard Y, Poccard I. A statistical study of ndvi sensitivity to seasonal and interannual rainfall variations in Southern Africa [J]. International Journal of Remote Sensing, 1998, 19 (15): 2907-2920.

[120] Wu T S, Fu H P, Feng F, et al. A new approach to predict normalized difference vegetation index using time-delay neural network in the arid and semi-arid grassland [J]. International Journal of Remote Sensing, 2019, 40 (23): 1-14.

[121] Wu D, Zhao X, Liang S, et al. Time-lag effects of global vegetation responses to climate change [J]. Global Change Biology, 2015, 21 (9): 3520-3531.

[122] Chang F J, Chen P A, Liu C W, et al. Regional estimation of groundwater arsenic concentrations through systematical dynamic-neural modeling [J]. Journal of Hydrology, 2013, 499: 265-274.

[123] Xu Y L, Chen H X, Guo W, et al. A comparison of NARX and BP neural network in short-term building cooling load prediction [C]. Applied Mechanics and Materials, 2014, 513: 1545-1548.

[124] Wu T S, Feng F, Lin Q, et al. A new temporal prediction method of grazing pressure based on normalized difference vegetation index and precipitation using nonlinear autoregressive with exogenous input networks [J]. Grassland Science, 2019, 66 (2): 1-8.

[125] Lin T N, Giles C L, Horne B G, et al. A delay damage model selection algorithm for NARX neural networks [J]. IEEE Transactions on Signal Processing, 1997, 45 (11): 2719-2730.

[126] Wu T S, Feng F, Lin Q, et al. Advanced method to capture the time-lag effects between annual NDVI and precipitation variation using RNN in the arid and semi-arid grasslands [J]. Water, 2019, 11 (9): 1789 (1-10).

[127] Auerswald K, Wittmer M H, Tungalag R, et al. Sheep wool δ13C reveals no effect of grazing on the C3/C4 ratio of vegetation in the Inner Mongolia-Mongolia border region grasslands [J]. PloS One, 2012, 7 (9): e45552.

[128] Shivanna K R, Tandon R. Reproductive ecology of flowering plants: a manual. 2014, New Delhi: Springer India.

[129] Wang J, Price K P, Rich P M. Spatial patterns of NDVI in response to precipitation and temperature in the central Great Plains [J]. International Journal of Remote Sensing, 2001, 22 (18): 3827-3844.

[130] Xu L L, Li B L, Yuan Y C, et al. A temporal-spatial iteration method to reconstruct NDVI time series datasets [J]. Remote Sensing, 2015, 7 (7): 8906-8924.

[131] Gerber F, De Jong R, Schaepman M E, et al. Predicting missing values in spatio-temporal remote sensing data [J]. IEEE Transactions on Geoscience and Remote Sensing, 2018, 56 (5): 2841-2853.

[132] Liao C, Wang J, Pritchard I, et al. A spatio-temporal data fusion model for generating NDVI time series in heterogeneous regions [J]. Remote Sensing, 2017, 9 (11), 1125.

[133] Jarlan L, Driouech F, Tourre Y, et al. Spatio-temporal variability of vegetation cover over Morocco (1982-2008): linkages with large scale climate and predictability [J]. International Journal of Climatology, 2014, 34 (4): 1245-1261.

[134] Adeyeri O E, Akinluyi F O, Ishola K A. Spatio-temporal trend of vegetation cover over Abuja using Landsat datasets [J]. International Journal of Agriculture and Environmental Research, 2017, 3 (3): 3084-3100.

[135] Qu B, Zhu W B, Jia S F, et al. Spatio-temporal changes in vegetation activity and its driving factors during the growing season in China from 1982 to 2011 [J]. Remote Sensing, 2015, 7 (10): 13729-13752.

[136] Wu T S, Feng F, Lin Q, et al. A spatio-temporal prediction of normalized difference vegetation index based on precipitation: an application for grazing management in the arid and semi-arid grasslands [J]. International Journal of Remote Sensing, 2020, 41 (6): 2359-2373.

[137] Basso M, Giarre L, Groppi S, et al. NARX models of an industrial power plant gas turbine [J]. IEEE Transactions on Control Systems Technology, 2005, 13 (4): 599-604.

[138] Napoli R, Piroddi L. Nonlinear active noise control with NARX models [J]. IEEE Transactions on Audio, Speech and Language Processing, 2010, 18 (2): 286-295.

[139] Tomar V, Mandal V P, Srivastava P, et al. Rice equivalent crop yield assessment using MODIS sensors' based MOD13A1-NDVI data [J]. IEEE Sensors Journal, 2014, 14 (10): 3599-3605.

[140] Perry E M, Morse-McNabb E M, Nuttall J G, et al. Managing wheat from space: Linking MODIS NDV and crop models for predicting australian dryland wheat biomass [J]. IEEE Journal of Selected Topics in Applied Earth Observations and Remote Sensing, 2014, 7 (9): 3724-3731.

[141] Xu L, Samanta A, Costa M H, et al. Widespread decline in greenness of Amazonian vegetation due to the 2010 drought [J]. Geophysical Research Letters, 2011, 38 (7): L07402.

[142] Jalili M, Gharibshah J, Ghavami S M, et al. Nationwide prediction of drought conditions in Iran based on remote sensing data [J]. IEEE Transactions on Computers, 2014, 63 (1): 90-101.

[143] 李梦娇, 李政海, 鲍雅静, 等. 呼伦贝尔草原载畜量及草畜平衡调控研究[J]. 中国草地学报, 2016 (2): 72-78.

[144] 陈全功. 关键场与季节放牧及草地畜牧业的可持续发展[J]. 草业学报, 2005, 14 (4): 29-34.

[145] 陈全功. 中国草原监测的现状与发展[J]. 草业科学, 2008, 25 (2): 29-38.

[146] 潘学清. 中国呼伦贝尔草原[M]. 长春: 吉林科学技术出版社, 1992.

[147] 苏大学, 孟有达, 武保圈. 天然草地合理载畜量的计算: NY/T 635—2002 [S]. 北京: 中国标准出版社, 2003.

[148] 胡志超, 李政海, 周延林, 等. 呼伦贝尔草原退化分级评价及时空格局分析[J]. 中国草地学报, 2014, 36 (5): 12-18.

图书在版编目（CIP）数据

呼伦贝尔智慧草原关键技术及应用 / 吴淘锁著 . 一北京：中国农业出版社，2022.4
ISBN 978-7-109-29314-4

Ⅰ. ①呼… Ⅱ. ①吴… Ⅲ. ①物联网－应用－草原－畜牧业－呼伦贝尔市 Ⅳ. ①S812-39

中国版本图书馆 CIP 数据核字（2022）第 057834 号

审图号：蒙 S（2022）014 号

中国农业出版社出版
地址：北京市朝阳区麦子店街 18 号楼
邮编：100125
责任编辑：肖　邦
版式设计：王　晨　责任校对：沙凯霖
印刷：北京科印技术咨询服务有限公司
版次：2022 年 4 月第 1 版
印次：2022 年 4 月北京第 1 次印刷
发行：新华书店北京发行所
开本：880mm×1230mm　1/32
印张：4.25　插页：2
字数：105 千字
定价：30.00 元